航母与舰载机适配技术

LSO训练系统中的飞行员行为模型

LSO XUNLIAN XITONGZHONG DE FEIXINGYUAN XINGWEI MOXING

朱齐丹 张雯 张智 苏丽 原新 刘志林 编译

HEUP 哈爾濱工程大學出版社

内容简介

本书是美国海军科技报告 *Pilot Behavior Model for LSO Training Systems* 的译文，书中通过文献研究获得了LSO指挥研究的基础素材，通过LSO调查问卷分析，研究了舰载机着舰环境和LSO表现的边界条件，确定了工况因素和LSO关键学习内容。在此基础上，以工况因素为模型条件，以LSO关键学习内容为模型功能，实现了LSO训练系统功能和LSO训练系统中飞行员行为模型的设计。此外本书提供了大量的舰载机着舰数据和调研材料，系统地分析了美国的LSO指挥经验。

本书对舰载机模拟系统的研发有较大的借鉴意义，同时本书也是制定LSO指挥规范的良好参考。

图书在版编目(CIP)数据

LSO训练系统中的飞行员行为模型/朱齐丹等编译.
—哈尔滨：哈尔滨工程大学出版社，2016.6(2018.1重印)
ISBN 978-7-5661-1248-4

Ⅰ.①L… Ⅱ.①朱… Ⅲ.①舰载飞机-飞行员训练
Ⅳ.①V323

中国版本图书馆CIP数据核字(2016)第142015号

责任编辑 张晓彤
封面设计 博鑫设计

出版发行 哈尔滨工程大学出版社
社　　址 哈尔滨市南岗区南通大街145号
邮政编码 150001
发行电话 0451-82519328
传　　真 0451-82519699
印　　刷 哈尔滨市石桥印务有限公司
开　　本 787 mm×960 mm 1/16
印　　张 10.25
字　　数 213千字
版　　次 2016年6月第1版
印　　次 2018年1月第2次印刷
定　　价 75.00元
http://www.hrbeupress.com
E-mail:heupress@hrbeu.edu.cn

(内部发行)

前　言

舰载机着舰是一项危险性极高的任务。在着舰过程中,舰载机要克服恶劣的海上环境,跟踪运动的航母,在有限的着舰区域内安全降落。着舰指挥官(Landing Signal Officer,LSO)是舰载机着舰安全性的保障者。在着舰过程中,LSO 根据环境、舰载机、航母、飞行员技能等级等因素为飞行员提供飞机状态调整和复飞决策指挥。在着舰任务完成后,LSO 要从安全性角度对着舰过程进行评价。LSO 在着舰过程中的作用至关重要,他的技术水平直接影响舰载机的着舰事故率。

如何培养高技能的 LSO 是每一个航母部队必须面临的问题。美国是世界上舰载机着舰技术最成熟的国家,其早期的 LSO 具有丰富的实战经验,在战争中磨炼出了高超的指挥技能。但越南战争后,美国的航母实战越来越少,LSO 的技术水平急剧下降,着舰事故率不断上升。在这个背景下,1980—1981 年美国海军训练装备中心(NAVTRAEQVIPICEN)主持研发了 LSO 训练系统,通过实现自动化的 LSO 模拟训练缩减了训练成本,有效地提高了 LSO 训练效果。美国的 LSO 训练系统包括教练员模型和飞行员行为模型两部分,*Pilot Behavior Model for LSO Training Systems* 一文是 LSO 训练系统中飞行员行为模型的研究设计文件。文中详细叙述了 LSO 训练系统中飞行员行为模型的设计方案,收集了大量的舰载机着舰数据和材料,系统地总结了美国的 LSO 指挥经验。笔者认为该文对舰载机模拟系统的研发有较大的借鉴意义,同时,该文也是制定 LSO 指挥规范的良好参考。

本书是 *Pilot Behavior Model for LSO Training Systems* 的译文。由于原文为技术文件,附录较多,译者对文章的结构进行了重新编排,将部分附录内容融入正文,以帮助读者对内容的理解。

希望本书会对我国从事航母研究的专业技术人员有所帮助,为我国航母事业的发展做出贡献。

本书由朱齐丹、张雯、张智、苏丽、原新、刘志林等合作完成,并得到杨智博和鲁鹏博士的许多帮助。

本书研究工作得到了国家科技合作专项资助(2013DFR10030)、国家自然科学基金资助（61603110、61304060）、中央高校基本科研业务费专项基金资助（HEUCF160409），在此特别表示感谢。

由于时间仓促，加之译者的水平有限，错谬及不当之处在所难免，敬请读者批评指正。

编译者

2016年6月

目　录

第 1 章　绪　　论

为了提高美国着舰指挥官(Landing Signal Officer,LSO)训练的实战化水平,美国海军训练装备中心(NAVTREQUIPCEN)委托 Mathetics 公司研发了着舰指挥官自动训练系统(简称 LSO 训练系统),该系统包括飞行员行为模型和自动教练员模型两部分。本书介绍了美国着舰指挥官训练系统(简称 LSO 训练系统)中飞行员行为模型的研发过程和研究结论。

1.1　背　　景

缺少资深 LSO 是美国海军 LSO 部队所面临的一个主要问题,这一问题主要是由两个原因所引起的。其中的一个原因是越南战争结束后航母着舰操作大量减少。早期,参与实战是 LSO 技能训练的主要方法,这种方法效率很低,导致 LSO 受训者本来已经很长的训练过程又被延长了。一个受训者通常只通过第一次海上任务(三年的时间)中最后几个月的训练就能达到较高技术水平。在航母上实际操作的减少使得 LSO 和受训者经历的工况减少,而这些工况是他们必须适应的。许多 LSO 和监督人员推测,现在合格的 LSO 的技术水平可能要比越南战争时期的 LSO 低。另一个原因是海军飞行员继续服役率的降低,飞行员资质是进行 LSO 训练的前提,因此飞行员继续服役率实际上反映了资深 LSO 部队中 LSO 的来源情况。这个原因给 LSO 训练带来的影响是使受训者缺少资深 LSO 的指导,因此训练的质量和效果都不理想。

一些训练项目改进计划已经证明,仿真技术可有效提高训练的质量和有效性。近年来,美国海军训练装备中心的研究表明,LSO 自动训练系统具有较大应用价值[1-4],它可以使 LSO 受训者接触多种指挥动作,降低训练过程对教练员交互系统的依赖,提高指挥的标准化程度。LSO 训练系统可利用仿真技术将训练的技术风险降到最低。美国 LSO 背面显示(the LSO Reverse Display)系统就是利用仿真技术支持 LSO 训练的实例[5],但它仍依赖于教练员,无法实现整个训练过程的自动化。因此,需要开发一种 LSO 自动训练系统来提高 LSO 训练的效果。

1.2 概　　述

飞行员行为模型是能够模拟舰载机和飞行员着舰过程动态行为的模型。为满足美国海军的应用需求，飞行员行为模型需与自动教练员模型[6]有机地结合，实现着舰指挥工况模拟、向 LSO 受训者提供感知信息、辅助训练 LSO 决策技能等功能。为实现上述功能美国海军训练装备中心（NAVTRAEQUIPICEN）委托 Mathetics 公司进行了飞行员行为模型的设计研究，本书主要介绍该项研究的过程和研究结论。

在这项研究中，项目组首先通过 LSO 表现、舰载机着舰环境、着舰事故和 LSO 训练系统等方面的文献研究，获得了着舰指挥研究的基础素材。然后，在此基础上，进行了 LSO 的问卷调查，研究了舰载机着舰环境和 LSO 表现的边界条件，确定了工况因素和 LSO 关键学习内容。最后，以工况因素为模型条件，以 LSO 关键学习内容为模型功能，实现了 LSO 训练系统功能和 LSO 训练系统中飞行员行为模型的设计。

本书的主要研究内容及目的如下：

1. 研究 LSO 指挥任务的关键方面

以确定 LSO 训练对飞行员行为模型的需求为目标，将 LSO 关键学习内容和关键环境变量进行结合，获得 LSO 指挥任务的关键方面。

2. 估算使用 LSO 训练系统进行 LSO 训练节约的成本

确定 LSO 训练系统研究及其成果对 LSO 训练的积极影响，使决策者了解该项目的投资收益。

3. 建立飞行员行为模型，辅助 LSO 受训者获得各工况下的关键指挥技能

实现飞行员、舰载机以及影响 LSO 训练的其他因素的结合。

4. 飞行员行为模型在 LSO 训练系统中的集成设计

建立 LSO 训练与飞行员行为模型的交互环境，为飞行员行为模型的软件详细设计提供指导。

第2章 技术方案

早期美国海军训练装备中心对LSO训练的研究，主要集中在LSO训练计划的不足、训练需求、LSO指挥行为以及LSO训练系统的功能和经济效益等方面[1,3]，随着LSO训练要求的提高，美国海军训练中心的研究逐渐转向LSO指挥行为的跟踪分析、LSO行为表现评价、训练系统的实验室可行性分析和LSO训练设施的现场评价[4,5,7]等几个方面。其中最主要的工作是研发LSO自动训练系统，该系统向LSO受训者提供飞行员/飞机行为仿真和训练指导。本章首先介绍LSO自动训练系统，然后介绍飞行员行为模型研究的技术路线。

2.1 LSO自动训练系统

LSO自动训练系统中的自动指导训练是一个指导LSO受训者积累经验的过程。图2－1是LSO自动训练系统的结构，图中给出了系统中各组成部分之间的作用关系，仿真子系统是飞行员行为模型的实现，教练员子系统是教练员模型的实现。其中，教练员模型是训练过程的执行者。教练员模型功能包括：修正和评估数据，进行训练指导决策或向教练人员提供辅助指导信息，为受训者提供训练反馈，生成训练大纲，向教练人员提供受训者的表现评价和存储受训者的行为数据。教练员控制台能够提供上述功能信息的显示。

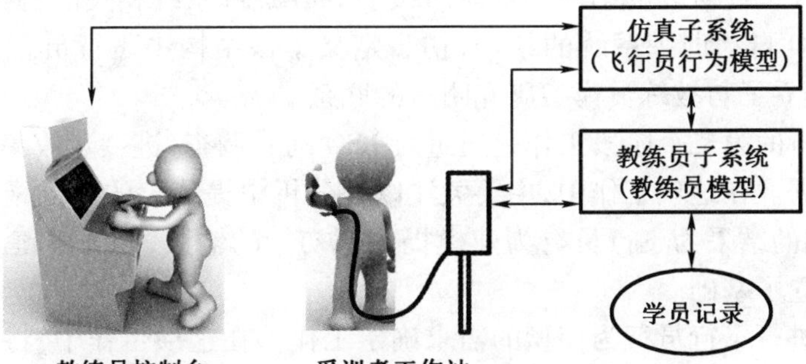

图2－1 LSO训练系统结构图

自动指导训练支持包含有教练人员训练和无教练人员训练两种模式。一方面，由于LSO指挥表现包含一定的主观因素，因此教练员是十分必要的。虽然未来这些主观因素可能被量化，但目前考虑到主观因素的存在，LSO训练过程仍旧依赖于教练人员，而自动教练员系统可有效地辅助教练人员。另一方面，利用自动教练员系统实现无教练人员的训练也是提高 LSO 训练系统有效性的途径。正如前面所提到的，不恰当的 LSO 训练指导会大大削弱 LSO 训练系统的训练效果。之所以保留无教练人员训练模式是为了在满足客观表现评价的前提下实现训练阶段的自动选取、受训者的自主阶段复习以及训练经验的补充或提高。

生成训练大纲和实现无教练员训练是非常必要的。如图 2－1 所示，教练员模型采用这种结构关系是为了完成与受训者技能水平相关的决策。就有教练人员的训练而言，这样的结构可以减轻教练员的任务以提高受训者阶段训练的有效性。飞行员行为模型与教练员模型的训练大纲生成功能和指导功能相互作用，能够为受训者提供技能积累和练习所需工况。

2.2 LSO 训练系统中飞行员行为模型研究的技术路线

采用数学推导、数据收集和技术分析的方法，建立飞行员行为模型，这种技术方法集成了训练分析、模型功能设计以及与教练员模型研究小组沟通工作的成果。图 2－2 描述了技术分析路线图，初期研究工作是制订工作计划并形成文件材料，为了实现飞行员行为模型与教练员模型的有机融合，本研究的工作计划是与教练员模型研究小组的研究计划密切相关的。工作计划包含了人员和任务的安排、数据资源、预期分析、与 LSO 部队的沟通以及研究的预期成果。

训练分析第一个阶段的工作是回顾与 LSO 着舰指挥表现有关的文献，其中数据资源包含了科技报告、安全性期刊以及近期的航母着舰事故记录。通过这一阶段工作可获得 LSO 关键的技能领域和相关工况。

在功能性设计研究的第一个阶段回顾了 LSO 训练系统相关的科技报告，并由此设计了 LSO 自动训练系统的结构，初步定义了该结构中飞行员行为模型的功能。同时，建立了与教练员模型研究团队的联系。

训练分析的第二个阶段工作是通过对 LSO 问卷调查，进一步收集和分析 LSO 指挥表现数据。在这项工作中，主要关注以往分析中提炼出的关键指挥变量和工况，而所得到的结果为飞行员行为建模提供了初始的输入，并为关键 LSO 学习概念的识别建立了基础。

接下来进行飞行员行为模型的需求确定工作。在这项工作中，将上面提到的关键指挥变量和工况分为与指导变量相关的几组，这些变量组是建立飞机和飞行员分离模型与模型单元的基础。为了说明 LSO 训练对环境和操作条件的需要，对其他变量也进行了分组。这是一项不断修正的工作。随着工作的进行，要不断地增加变量、修正分组。

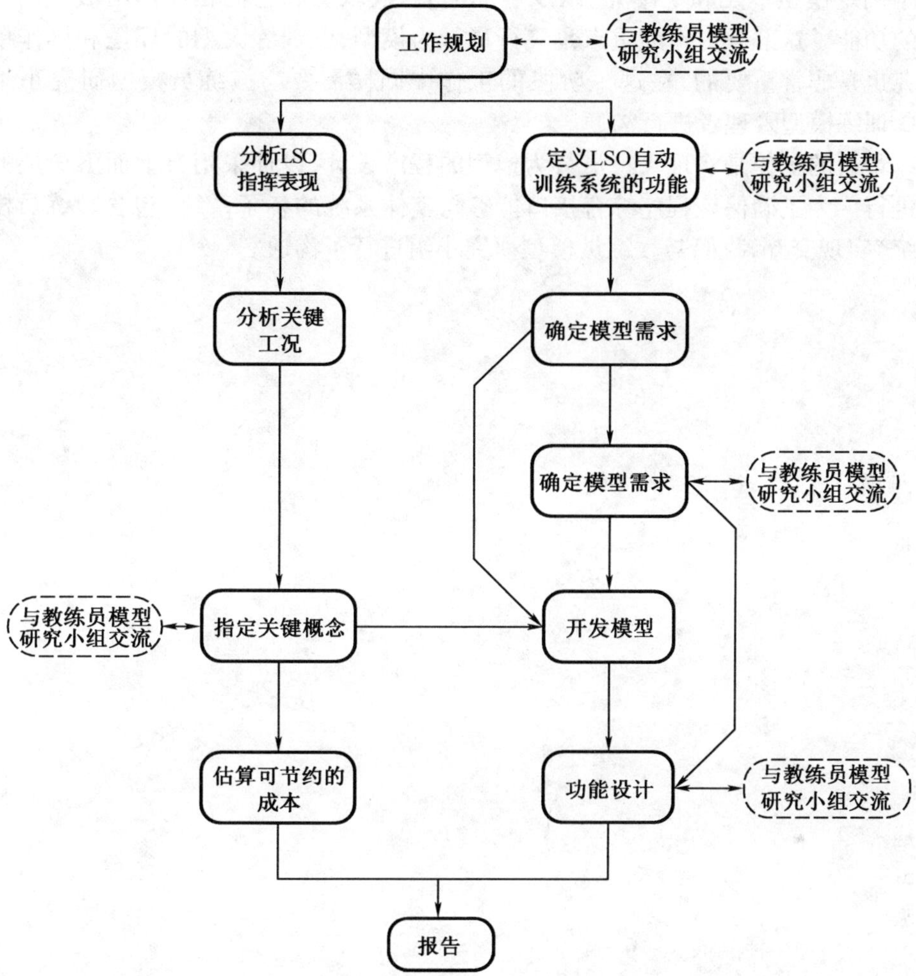

图2-2 技术分析路线图

根据上述模型需求分析，按照飞行员行为模型与教练员模型的训练大纲生成和指导功能的交互需求，进行飞行员行为模型的功能设计。

下一步工作就是利用之前收集分析的指挥表现和工况数据分析 LSO 学习的关键因素。这也是一个不断修正的工作，它需要定期对 LSO 训练模型管理中心以及 LSO 进行调查，并对调查结果进行分析。这些关键因素的作用是从根本上强调指挥任务的临界决策方案，它们以决策影响因素及其相互作用关系、临界工况下“经验法则”的形式给出。同样，这些关键因素也是训练大纲设计和管理的重要影响因素。因此，与教练员模型研究小组就教练员模型的 LSO 训练需求和训练大纲决策要进行沟通。

通过上述工作获得了建立飞行员行为模型所需的大部分信息。接下来的工作是确定模型单元和子单元，以及它们的属性、取值和它们相互作用形成训练大纲的功能。这部分工作的重点是飞行员行为模型，但训练大纲的环境和操作单元研究也是非常重要的，在这一阶段的工作中同样需要与教练员模型研究小组和 LSO 训练模型管理者进行沟通。

最后的工作是实现飞行员行为模型的程序设计，设计采用自上而下分层的方法进行。为了确保该程序综合接口能够与整体系统的各子系统(包含教练员模型系统)实现交互，我们与教练员模型研究小组进行了沟通。

第3章 文献分析

本章将介绍LSO训练系统理念、舰载机着舰操作相关文献的研究成果。文献研究的目的包括两个:一个目的是确保飞行员行为模型和教练员模型的设计能够与之前提出的LSO训练理念一致,另一个目的是指导LSO指挥关键因素的提炼。本章将文献综述分为两部分:LSO训练系统理念、关键的LSO技能和工况。

3.1 LSO训练系统理念的提出

LSO训练系统理念最初源于海军舰队根据操作需求提出的舰载机回收模拟器(Carrier Aircraft Recovery Simulation,CARS)[8]。CARS是一种能够为LSO工作台提供广泛、高精度舰载机回收环境仿真的设备。CARS须具备的功能包括:回收视景显示,LSO和飞行员的交互,支持多机型仿真,模拟LSO工作台所有的仪表,模拟声音,模拟飞机故障和环境因素(包括甲板运动)。产生CARS需求的根本原因是越南战争后航母上的实战操作越来越少,LSO受训者缺少必要的指挥训练机会。

美国海军训练装备中心(NAVTRAEQUIPCEN)随后开展了LSO训练系统定义和可行性的研究。这项研究指出,LSO训练系统需在CARS初步设计的基础上增加LSO指挥表现自动评估(应用自动语音识别)和训练大纲自动生成功能[1]。这些初步研究确定了飞行员行为模型的研究内容:

①LSO职责和工况的描述;

②LSO训练系统功能概念的定义;

③LSO训练系统的作用;

④训练大纲内容和训练顺序;

⑤技能评估。

为了实现LSO指挥表现的自动评估,美国海军训练装备中心还同时开展了LSO行为模型研究[3]。通过这项研究,美国海军训练装备中心意识到在着舰指挥中感知和决策的复杂性。此外,这项研究初步实现了LSO语音指挥相关着舰动作的量化。

同一时期,为了支持A-7E夜间舰载机着舰训练系统(Night Carrier Landing Trainer,NCLT),受美国海军航空系统司令部委托,沃特公司研发了LSO背面显示系统(LSORD)[9]。该系统仅针对A-7型舰载机,具备CARS的部分功能,但是这些功能取决于NCLT系统与LSO/飞行员的交互接口。美国海军针对该系统在

NAS Lemoore 和 NAS Cecil 两个训练基地进行了应用，海军训练装备中心针对该系统开展了训练效能评估。效能评估的结果是良好的，但提出了使 LSORD 的操作独立于 NCLT 和提高 LSORD 性能的建议[5]。

在开展 LSORD 效能评估的同时，美国海军训练装备中心还主持了两项研究。一项研究是 LSO 训练系统的实验室开发和演示验证[4]，该项系统实现了语音识别、表现评价以及部分 LSO 指挥技能的训练反馈功能，此外该系统还能够根据训练目标重新制订训练大纲。这项研究证明了 LSO 训练中自动化理念的可行性，但研究中没有验证训练的有效性。另一项研究是分析舰载机着舰历史数据，提炼可能作为 LSO 表现评价指标的因素[10]。这项研究结果表明舰载机着舰结果暗含了 LSO 的表现。

美国海军训练装备中心同时还开展了其他研究，虽然这些研究并非与 LSO 训练直接相关，但是都可用于支撑 LSO 训练系统的设计。其中一项研究是研发精密进场雷达控制训练系统，该系统具备自动语音识别、大纲设置和表现评估的功能[11]。还有一项研究是研发空中拦截控制器训练系统，该系统与前述系统具有相似的功能，但是能够适应更复杂的训练环境[12]。此外，还有两项关于自动训练大纲生成和自动教练员理念的研究[13,14]，它们都与 LSO 训练系统中的教练员模型相关。

1980 年 1 月，海军训练装备中心为 LSO 训练系统研究与开发组织了一个课题研讨会，在研讨会相关文献中回顾了海军训练装备中心有关 LSO 训练系统设计方面的工作[2]。

上述文献研究是 LSO 训练系统中飞行员行为模型功能设计研究的基础，同时这些文献也是飞行员行为模型后续研究的有效支撑。此外，在 LSO 训练系统的研发和使用过程中，这些文献也有重要的参考价值。

3.2 关键 LSO 技能和指挥工况

前面提及的一些文献同样可以用于关键技能和指挥工况信息的研究。还有一些科技报告和 *Approach* 杂志的文章也是很有价值的参考文献。此外，为了提炼与 LSO 技能和工况相关的指标，我们还对近几年的着舰事故进行了分析。

一些科技报告全面描述了 LSO 指挥任务和工况[1,3,15]，并且都着重指出着舰指挥的重中之重，其中复飞决策是 LSO 任务的重中之重。夜晚、摇动的甲板、使用手动光学助降系统(MOVLAS)、风以及看不见地平线(No Horizon)都是最常见的工况。文献[28]是一篇刊载于 *Approach* 杂志上的文章，该篇文章提供了对飞行员基本着舰技能、典型偏差和偏差趋势以及飞行员/LSO 交互效能进行了综合评价，并且讨论了大部分的环境因素。文献[17]提供了一位资深 LSO 对指挥心理因素、LSO 和飞行员工作关系的理解。

此外,文献[18]和文献[19]对复飞进行了详细的讨论。其中文献[19]还指出操作(光学助降系统、挂索失败、使用手动光学助降系统等)和环境(甲板风、甲板运动等)等多种因素对着舰指挥有重要影响。文献[20]分析了着舰事故中的环境因素,其中甲板俯仰运动和看不见地平线被认为是最重要的环境因素,而F-4型舰载机是最容易在甲板俯仰运动情况下发生事故的机型。

文献[21]至文献[23]主要研究了如何使用手动光学助降系统(MOVLAS),它们分析了如何有效使用MOVLAS,提出了增加MOVLAS训练的需求。另外还有一些文献讨论了飞行员的因素:文献[24]指出,即使是最好的飞行员也可能有很差的着舰表现;文献[25]指出,新手飞行员的事故发生率通常更高;文献[26]和文献[27]给出了飞行员着舰表现较差的实例,其中文献[26]指出飞行任务的变化会分散飞行员的注意力;文献[27]指出闪电会降低夜间着舰的能见度;文献[28]指出在CCA位置(1~1.5英里①处)LSO及时地语音指挥可以阻止舰载机掉入海中事故的发生;文献[29]指出较低的能见度和LSO的失误经常导致着舰最后阶段产生对中偏差。另外,飞行员过分地自信也会给着舰表现带来不良的影响。

此外,针对海军安全中心记录的63起着舰事故(发生在1974年1月到1980年1月期间),项目组进行了事故分析研究。事故分析的目的是提炼事故的影响因素、变量和趋势,这对LSO成功指挥尤为重要。下面给出事故分析的结论:

①在研究事故中,20起事故与LSO无关,是由飞机或航母设备故障引起的。

②超过1/3的事故都与LSO责任相关,其中大多数是由于LSO没有及时下达复飞命令。

③大量的撞击舰尾和硬着舰事故表明复飞是非常重要的。

④撞击舰尾、硬着舰、空中挂索和非对中挂索事故表明LSO在接近舰尾阶段的指挥尤其重要。

⑤很多事故表明过晚的复飞将导致空中挂索。

⑥LSO忽视对中问题将导致非对中挂索。

⑦如果LSO很好地使用“动力”和“姿态”命令,将大量减少撞击舰尾和硬着舰事故。

⑧许多LSO在接近舰尾阶段才开始处理着舰偏差。

⑨在LSO工作台上,LSO的团队合作不足。

⑩候补LSO应当发挥更大的作用,尤其在环境恶劣或者接近舰尾阶段着舰偏差较大的情况下。

通过事故分析可知,在1974年1月到1980年1月时间段内,F-4型舰载机和A-7型舰载机是最容易发生着舰事故的机型,主要原因是在这期间上述两种机型执行的着舰任务最多。从LSO训练的角度来看,F-4型舰载机事故多数属

① 1英里=1 609.344米,下同。

于硬着舰事故，这是因为 F－4 型舰载机拥有较好的动力响应能力，能将撞击舰尾事故转化成硬着舰事故。A－7 型舰载机事故多数是撞击舰尾事故，这是因为这种机型的动力响应相对较差。上述着舰事故规律分析对提高 LSO 表现非常重要。

此外，飞行员是事故引发率最高的因素。通过事故分析可以发现，飞行员引发的事故实际上在一定程度上是可预测的，正如前述文献中提到的，飞行员缺乏经验是导致飞行员责任事故的主要因素。包括 LSO 命令响应能力在内，飞行员着舰技能是影响着舰事故的重要因素。最容易导致着舰事故的进场趋势是在接近舰尾阶段出现较大的着舰偏差，从而引发舰尾过大地下沉。

在工况因素中，夜晚环境和甲板运动是重要的因素。虽然在事故总结中重点提到了白天/夜晚因素，但是其他工况因素也不容忽视。此外，事故分析指出，工况因素通常不是引发着舰事故的主因。

本书的附录 C 对 1965 年至 1980 年的着舰事故进行了更深入的综合分析。

通过文献研究和事故分析，初步建立了 LSO 技能和指挥工况的框架，同时为后续研究的数据收集和分析提供了方向。此外，本章的参考文献也可用于提炼 LSO 的关键学习内容。

第 4 章　LSO 问卷调查

为了确定 LSO 资格审查的评价因素，项目组在 LSO 部队进行了问卷调查，共收到 34 个问卷回复。为了使这次问卷调查有普遍代表性，项目组调查了大约 90 个飞行编队。多数问卷回复来自这些编队，还有一些问卷回复来自于最近退休的 LSO。附录 B 列出了问卷调查的简要数据。本章对问卷调查的结果进行分析讨论。

4.1　问卷受访者

问卷要求受访者列出他们的 LSO 资格等级、LSO 受训年数、完成白天和夜间着舰的次数、完成巡航的次数以及他们作为飞行员时主要的飞机机型。此外，还要求受访者给出他们有资格指挥的飞机机型。

在 34 位受访者中，有 32 位至少具有指挥一种飞机机型的资格，有 18 位是参谋资格等级。这 34 位问卷受访者的平均指挥年限超过 7 年，其中只有 4 位指挥年限少于 5 年。他们白天着舰的平均次数为 261 次，夜间为 102 次。他们完成巡航的平均次数为 2.9 次。这些问卷受访者的指挥机型包括了当时海军飞机目录中的所有机型。多数问卷受访者都是来自 A－6 型舰载机、A－7 型舰载机、F－4 型舰载机、F－14 型舰载机的飞行部队。这些问卷受访者的经验、专业技能和代表性确保了收集信息的可信性。其中，关于 F/A－18 机型的 LSO 问卷调查是通过电话采访海军空中检测中心的 LSO 进行的。

4.2　环境变量等级

问卷要求受访者对 LSO 训练中所需的 25 个夜间重点环境变量作出了评价。在这 25 个变量中，部分变量是两个或多个单变量的结合，表 4－1 列出了这些变量的等级的均值和标准差。所有变量的平均等级都在 3.00（中等等级）或以上，其中有 16 个变量被评估为 3.50 级以上。问卷中统计的变量不是 LSO 用于着舰表现打分的评价变量，而是以 LSO 角度提出的，影响指挥表现的变量。但调查表明所有被调查变量在一定程度上都会影响指挥。

表4-1 夜间状况变量等级

变量	等级均值	等级标准差
甲板俯仰,看不见地平线	4.32	0.77
使用手动光学助降系统,甲板俯仰	4.29	0.80
使用手动光学助降系统,稳定的甲板	4.20	0.41
甲板俯仰,使用手动光学助降系统,看不见地平线	4.20	1.20
飞行员没有答复LSO或答复比较慢	4.12	0.91
意图难以推测的飞行员	4.06	1.04
有着舰意图但没有着舰,没有空中加油飞机,没有转向	4.03	0.94
LSO用电信通话引导降落	3.97	0.67
甲板俯仰,较好的能见度	3.94	0.78
飞机航迹控制出现紧急情况	3.91	0.91
看不见地平线,没有预警机	3.89	0.86
以极差的航母着舰控制为开始	3.88	0.73
在3/4英里内的不良天气	3.88	1.07
阻拦网回收	3.74	1.33
单发动机进场	3.67	0.92
缺乏经验的飞行员	3.59	0.92
错过第3根和第4根拦阻索	3.41	0.82
技术不熟练的飞行员	3.41	0.99
非常大或小的甲板风	3.38	0.85
没有机翼灯	3.35	0.73
比通常进场速度要高	3.26	0.89
无线电静默	3.24	0.85
在报告看见灯光之后失去LSO无线电通信	3.15	0.82
没有外部迎角指示器	3.06	0.69
回收侧风	3.06	0.95

等级:1——无训练重点,2——低级,3——中级,4——高级,5——极高级

表4-1中有7个变量被评估为4.00等级以上(高等级)。在前4个高等级变量中,“甲板俯仰”被提及三次,“使用手动光学助降系统”被提及两次,“看不见地平线”被提及两次。“甲板俯仰”和“看不见地平线”是影响指挥感知的重要变量。

值得注意的是,"使用手动光学助降系统"增加了 LSO 的工作量,尤其在甲板运动较大的情况下。"甲板俯仰,使用手动光学助降系统,看不见地平线"是 LSO 遇到的最困难的指挥情况之一,但这种情况出现得较少,这也是它没有被认定为最高等级的原因。在训练中,"甲板俯仰,看不见地平线"是经常发生的工况。另外两个评估等级很高的变量都与飞行员有关,"飞行员没有答复 LSO 或答复比较慢"增加了 LSO 选择指挥命令、决策是否下达着舰命令和复飞命令的难度,"意图难以推测的飞行员"引起相同的指挥困境。高等级的变量(4.00 等级之上)给着舰指挥带来巨大压力,如在飞机着舰时,"没有空中加油机和转移航线"等状态会给飞行员增加额外的负担,从而可能导致阻拦网回收或弹射起飞受限。这些高等级的变量通常都有低的等级标准差。

表 4-2 对环境变量按逻辑进行了分类,并给出了各类别工况和它们各自的等级均值及标准差。

表 4-2 夜间状况变量等级

工况类别	等级均值	等级标准差
自然环境条件	3.87	1.00
操作/船的状态	3.84	1.00
飞行员技能	3.81	0.95
飞机故障	3.41	0.88

自然环境类别中,"甲板俯仰""能见度低"和"3/4 英里内的不良天气"等几个高等级变量的影响最大。对操作或船类别产生最强影响的是"使用手动光学助降系统""有着舰意图但没有着舰""LSO 用电信通话引导降落"和"阻拦网回收"。"飞行员没有答复或答复比较慢"" 意图难以推测的飞行员"和"脱离航母着舰控制"对飞行员特征类别的影响很大。只有两个等级在 3.5 以上的变量(即"飞机航迹控制紧急情况"和"单发动机进场")属于飞机故障类别,因此这些类别的等级相对低。

4.3 语音命令等级

调查要求受访者评价 56 个标准或非标准 LSO 语音命令。表 4-3 列出了这些命令的评价等级的均值和标准差。调查也要求 LSO 指出无须使用的命令(0 等级)。

表 4－3　语音命令等级(假设是晚上)

语音命令	等级均值	标准差	语音命令	等级均值	标准差
复飞	4. 74	0. 57	油门	4. 65	0. 49
右移对中	4. 26	0. 71	旗语通信	3. 88	1. 14
姿态	3. 74	0. 83	位置低	3. 62	1. 04
复飞,甲板未准备完毕	3. 61	1. 39	位置适当	3. 58	1. 50
左移对中	3. 43	1. 50	少量油门	3. 30	1. 10
不要变低	3. 03	1. 00	不要下沉	3. 03	0. 90
改变一点姿态	3. 03	1. 00	位置高	3. 00	0. 95
位置有点低	2. 91	0. 93	速度慢	2. 91	1. 19
正在下沉(N)	2. 88	1. 30	不要爬升	2. 85	1. 05
位置低且速度慢(N)	2. 85	1. 97	少量油门,右移对中(N)	2. 82	1. 09
有变低趋势	2. 79	0. 98	按照下滑道飞行(N)	2. 74	1. 42
脱钩	2. 70	1. 40	保持现在的状态	2. 68	1. 15
使用手动光学助降系统	2. 65	1. 12	飞得有点高	2. 62	0. 89
少量油门,左移对中(N)	2. 61	1. 56	逃逸	2. 59	0. 96
甲板运动剧烈(N)	2. 59	1. 60	甲板运动剧烈,灯光失效(N)	2. 56	1. 67
开始回到左侧(N)	2. 53	1. 26	开始回到右侧(N)	2. 53	1. 31
不要变高	2. 50	1. 02	开始下降(N)	2. 47	1. 11
速度快	2. 44	0. 89	飞高了,缓慢降低(N)	2. 42	1. 12
右偏	2. 38	1. 28	不要超调(N)	2. 38	1. 16
左偏	2. 35	1. 25	稍微右偏(N)	2. 33	1. 31
有变高趋势	2. 26	0. 90	切断	2. 26	1. 69
保持姿态	2. 18	1. 19	跟踪下滑道(N)	2. 09	1. 40
稍微左偏(N)	1. 97	1. 40	正在左飘	1. 94	1. 18
正在右飘	1. 91	1. 14	停在中间(N)	1. 88	1. 25
检查对中	1. 85	1. 09	放轻松(N)	1. 83	1. 11
向下飞(N)	1. 58	1. 32	逐渐达到(N)	1. 56	1. 35
检查对中,不要下降(N)	1. 53	1. 35	保持(N)	1. 50	1. 54
减小油门,不要爬升(N)	1. 24	1. 35	保持俯仰角	0. 76	0. 99

等级:0——不被使用过,1——确实不危险的,2——可能危险,3——适度危险,4——确实危险,5——极度危险,(N)——非标准命令

与预想的一致的是,“复飞”和“油门”是等级最高的命令。这两个命令和“右移对中”的等级均值高于“确实危险”等级(4.00)。另外,它们的标准差在所有命令中是最低的。

有14个命令等级属于“相对危险”等级(3.00)或更高,其中的8个被LSO NATOPS(美国海军航空训练和操作程序标准规范)规定为基本命令,7个命令与即将发生或已经存在的低下滑道偏差有关,只有1个命令关系到高偏差,有2个命令关系到对中偏差。这14个命令的响应变化相对较低,只有“位置适当”和“左移对中”是个例外。

标准LSO NATOPS语音命令等级通常高于非标准命令,只有三个非标准命令(“正在下沉”“位置低且速度慢”“少量油门,右移对中”)处于2.8~2.9之间的中等等级。有一些标准命令被评估为“可能危险”等级(2.00),如“检查对中”“正在右/左飘”“保持俯仰角”等。在调查中有19个实例指出这是最低等级命令,“保持俯仰角”命令几乎没有用到。

一些受访者还建议增加一些语音命令,其中与甲板运动相关命令的建议最多,“放松”“从容”是建议增加较多的命令,三个受访者建议增加“直接升力控制”命令,“请增加油门”和“如果保持现状,你会失败”这两个命令需要单独考虑。这些命令都是LSO为了引起飞行员的注意而提出的,同时这些命令也代表了一些指挥时可能遇到的情况。

4.4 恶劣的指挥工况

在这项调查中有两个问题与极端的指挥工况有关,即问题3(你经历过的最恶劣的指挥工况)和问题6(你可以想象到的最恶劣的指挥工况)。在问题3的回答中,描述了82个真实的事例,其中有54个发生在夜间。在问题6的回答中,描述了接近60个事例,同时也提及了夜间条件。表4-4给出了特定工况变量在真实状况和想象状况中出现的频率。

表4-4 工况变量(白天和晚上状况)

环境变量	频率/次	环境变量	频率/次
看不见地平线	55	夜间	54
甲板俯仰	47	没有经验的飞行员	30
远洋任务	27	能见度降低	26
不响应飞行员	21	使用手动光学助降系统	20
不适宜的甲板风	19	甲板状况对LSO的影响	19
不熟练的飞行员	18	飞行员水平低	18

表 4-4(续)

环境变量	频率/次	环境变量	频率/次
下雨	18	LSO 用电信通话引导降落	17
飞机灯光装置故障	12	燃料不足	11
飞机引擎故障	10	阻拦网回收	8
无线电静默	6	不良的舰面控制着舰(CCA)	6
飞行员眩晕	6	飞机飞行控制故障	5
飞机能见度问题	4	航空母舰飞机着舰系统故障	4
明显错过阻拦索	3	没有灯光	3
少量通信/无线电静默(ZIP/EMCOM)	3	船转弯	2
飞行主控中心/航空母舰空中交通管制中心协调故障	2	没有 LSO 无线电通信	2
起落架故障	1		

与其他变量相比,"看不见地平线""夜间"和"甲板俯仰"被提到的次数最多。总的来说,包括自然状况在内,被提到次数最多的变量如下:

自然状况　　　　165 次
操作或船的状况　　135 次
飞行员因素　　　　93 次
飞机故障　　　　　42 次

此外,经常被提及的自然状况包括"能见度降低""不适宜的甲板风"和"下雨"。最常提及的是操作情况和船的状况,包括"没有转移航线""使用手动光学助降系统""甲板状况对 LSO 的影响"和"LSO 用电信通话引导降落"。最重要的飞行员因素包括"没有经验""很差的响应性"及"不熟练和技术水平低"。通常情况下不统计飞机故障,而统计的是飞机型号(例如,A-7 型舰载机 22 次,F-4 型舰载机 21 次,A-6 型舰载机和 F-14 型舰载机各 9 次)。

在 28 个白天突发状况中涉及的飞行员相关变量具体如下:

飞行员因素　　　　38 次
操作或船的状况　　23 次
自然状况　　　　　16 次
飞机故障　　　　　6 次

调查中提及最多的飞行员相关变量是飞行员经验不足(14 次)、技术水平低(10 次)和不熟练(8 次)。甲板状况对 LSO 的影响是调查中提及最多的操作状况,其他被提到的状况和因素没有超过 6 次的,最经常被提及的机型是 F-4 型舰载机(7次)。

为了确定经常被提及的变量组合,对真实的和设想的环境情况进行统计。“甲板俯仰”和“没有视野”是最经常被提到的。经常被提及的组合情况如下(假设都是在夜间环境下):

甲板俯仰,看不见地平线	33次
使用手动光学助降系统,能见度低	19次
甲板俯仰,能见度低,使用手动光学助降系统	18次
甲板俯仰,使用手动光学助降系统	18次
飞机故障,看不见地平线	14次
甲板俯仰,没有转移航线	12次

由上述分析可知,恶劣指挥工况的分析结果与前面讨论的夜间环境变量等级相关。

4.5 安全进场趋势

调查中要求受访者描述可能导致失败(例如,撞击舰尾,硬着舰,没有对中挂索,逃逸和空中挂索)的典型进场趋势。下面结合着舰结果给出进场趋势。表4-5提供了LSO简记描述[30]中对进场趋势的描述。

导致撞击舰尾或硬着舰事故的趋势如下。

一些着舰趋势会导致撞击舰尾或硬着舰事故,其中四种趋势很重要:

①在接近舰尾阶段过度修正高于下滑道的偏差趋势,这种趋势包括“开始阶段位置低,在中间或接近舰尾阶段位置高,舰尾下降”,“接近舰尾阶段位置高,舰尾下降”,“接近舰尾阶段过度爬升控制,舰尾下降”;

②动力不足,即由于发动机减速引起舰载机在舰尾降低;

③过迟的油门控制导致舰载机在舰尾下沉,这种油门控制通常用于完成过迟的对中调整;

④接近舰尾阶段的小偏差调整导致过早的动力下降或俯头调整。

导致非对中挂索的趋势有如下三种:

①初始着舰阶段存在对中偏差(右边或左边),随着逐渐调整,在舰尾出现反向对中偏差渐近漂移的情况;

②接近舰尾阶段的对中修正幅度过大引起舰尾偏移的情况;

③在接近舰尾阶段或舰尾阶段出现了左偏移或右偏移,这可能是因为侧风影响和/或者是飞行员对中判断错误。

导致逃逸的趋势如下:

①对一个小偏差的过度反应;

②在舰尾阶段的下沉;

③LSO 的油门或姿态命令响应；

④过迟的对中调整引发的油门超调。

导致空中挂索的趋势如下：

①在调整舰尾阶段或舰尾处较大的下沉速度时飞行员过度地增加俯仰角；

②LSO 的油门或姿态命令响应；

③复飞响应。

表 4 –5　关键进场趋势

进场趋势	缩写
撞击舰尾/硬着舰	LOX HIM-IC CDAR HX-IC CDAR OC-CIC/HIC CDAR NEPAW SAR SAR on LLU EG/DN correcting for LOIC
非对中挂索	LURX/IM R-LAW LULX/IM L-RAW OCLULIC L-RAR OCLURIC R-LAR DRRIC/AR DRLIC/AR
逃逸	OCLOIC/SIC OCCO TMP on LLUIC
空中挂索	CDIC-AR PNU OCO CDIC-AR PNU on WO OCCDAR PNU

注：表中缩写具体含义见 7. 3. 1 节

4. 6　飞机性能和局限

调查同样要求 LSO 受访者描述飞机特性、性能局限性和在指挥进场时 LSO 关心的故障，收集的信息总结如下。

(1) A –6 型舰载机

A –6 型舰载机的飞机特性性能局限性和在指挥进场时 LSO 关心的故障

如下：

①极好的油门和复飞响应，但是容易过度控制；

②着舰末期对中校正将导致下沉；

③下俯着舰时，尾钩跳跃可能导致逃逸；

④KA6（空中加油飞机）动力不足；

⑤飞行员视界不足导致频繁的对中控制；

⑥在飞机质量大、大风、高温状况下单发动机工作会出现问题；

⑦一个发电机出现故障后，除迎角指示器在外的所有外部指示灯都熄灭。

（2）EA－68型舰载机

EA－68型舰载机的飞机特性、性能局限性和在指挥进场时LSO关心的故障如下：

①极好的油门和复飞响应；

②长机身及灵敏的俯仰控制，因此空中挂索发生率较高；

③下俯着舰时，尾钩跳跃可能导致逃逸；

④经常与A－6型舰载机有相似描述；

⑤灵敏的俯仰控制使飞机有减速趋势。

（3）A－7型舰载机

A－7型舰载机的飞机特性、性能局限性和在指挥进场时LSO关心的故障如下：

①回加油门时，发动机响应缓慢；

②中间阶段高于下滑道的偏差常常导致接近阶段和舰尾阶段速度变慢，在中间阶段低于下滑道的偏差常常导致逃逸；

③存在低于下滑道偏差时，要求飞行员灵活控制以避免逃逸或舰尾撞舰或硬着舰；

④迎角系统和迎角指示器灯经常出故障。

（4）E－2型舰载机

E－2型舰载机的飞机特性、性能局限性和在指挥进场时LSO关心的故障如下：

①极好的油门响应；

②对中控制困难，大机翼构型使对中控制更加困难；

③长机身经常导致空中挂索；

④下滑道偏差对俯仰控制响应灵敏；

⑤为了使LSO看见机身对齐灯，需增加右脚蹬控制；

⑥下俯着舰时，尾钩可能跳跃导致逃逸；

⑦单发动机进场时对中控制困难，同时须避免减速；

⑧阻拦网回收时对中非常重要(对中偏差应为 $\pm(2\sim\frac{1}{2})$ 英尺)[①];

⑨无襟翼控制进场时容易出现机身倾斜的情况,并引发舰尾净空的减少。

(5)F-4 型舰载机

F-4 型舰载机的飞机特性、性能局限性和在指挥进场时 LSO 关心的故障如下:

①极好的油门及复飞响应,易出现下滑偏差过度控制(由高至低的航迹);

②比其他舰载机进场速度快,因此考虑到阻拦系统性能的限制,需要大甲板风着舰;

③在加油或转向之前,通常无法发现燃料问题;

④必须小心接近阶段的高下滑道偏差,动力减少时进行下滑道校正容易导致硬着舰;

⑤缺少附面层控制,因此进场速度较快;

⑥以半襟翼进行单发动机进场,速度显著增大,动力响应显著退化。

(6)F-14 型舰载机

F-14 型舰载机的飞机特性、性能局限性和在指挥进场时 LSO 关心的故障如下:

①回加油门时,发动机响应缓慢;

②穿过尾流场时容易产生接近舰尾阶段速度减慢的趋势;

③长机身经常导致空中挂索;

④下俯着舰时或在舰尾进行对中调整,尾钩跳跃可能导致逃逸,长机翼增加了对中控制的难度;

⑤不使用直接升力控制时,可使用油门控制。

(7)F/A-18 型舰载机

F/A-18 型舰载机的飞机特性、性能局限性和在指挥进场时 LSO 关心的故障如下:

①极好的油门和复飞响应;

②迎角恒定状态时,姿态变化平稳;

③若同时施加回加油门和抬头控制,将导致接近阶段至舰尾阶段的飞机下沉(SIC-AR);

④复飞时易出现横滚,容易导致空中挂索;

⑤在下滑调整过程中需要俯仰与发动机的协调控制。

(8)S-3 型舰载机

S-3 型舰载机的飞机特性、性能局限性和在指挥进场时 LSO 关心的故障

---

① 1 英尺 =0.304 8 米,下同。

如下：

①回加油门时，发动机响应缓慢；

②在进场中有滑行趋势；

③直接升力控制有助于校正大的下滑偏差，并可避免不希望出现的动力减少；

④无直接升力控制时，俯仰运动对油门控制很敏感；

⑤在大甲板风状况下，紊流给着舰带来很多困难。

总结：

调查问卷体现了LSO对其工作难度和重要性的认识。同时，调查问卷的结果也是LSO关键学习内容的参考，但是LSO对“比环境条件更危险因素”的看法有些一致，有些不一致。

第 5 章　成本节约分析

5.1　概　　述

本章分析在 LSO 训练过程中使用 LSO 训练系统可能节约的成本。若以 20 世纪 80 年代的舰载机着舰事故率推算，LSO 训练系统将在未来十年内节约超过 2 100 万美元的成本。下面给出该推算的具体分析。

前文给出了 LSO 训练系统的一般特性和功能。关键的指挥工况是 LSO 训练系统训练重点强调的方面，这与使用飞行仿真进行飞行训练类似，飞行仿真主要用于紧急情况和应急程序的训练。关键指挥工况可定义为威胁到着舰安全性的工况。在舰载机着舰过程中，最重要的是避免舰载机损毁和人员伤亡。

在舰载机着舰事故中，舰载机损毁（或损失）可以量化为美元，有时人员的损失也可以量化为美元。本书不考虑人员损失，主要以飞机损毁或损失为基础分析和估算可能节约的成本。然而，从定性角度看，还可能存在其他收益，这些将在后续章节中介绍。

下面说明 LSO 在舰载机着舰事故中的作用。

历史上，在舰载机着舰事故中，LSO 和飞行员的责任事故最多。在统计的 15 年中，大约 20% 的舰载机着舰事故为 LSO 责任事故，大约 62% 的舰载机着舰事故为飞行员责任事故。这里应该注意，有时在一次事故中，飞行员和 LSO 都是负有责任的。事故责任认定过程如下：首先由事故调查委员进行事故调查，然后由海军安全中心和管理层人员对事故调查进行认定，最后确定事故原因。

飞行员的着舰表现是舰载机着舰事故的主要影响因素。较差的飞行员表现可能导致着舰事故发生，此时，飞行员被认定为事故责任者，而 LSO 表现对舰载机着舰事故的影响却没那么明显。在着舰过程中，LSO 利用语音命令和灯光信号辅助飞行员飞行，这在夜间尤为重要，因为在夜间执行任务时，LSO 的视觉信息不足且随时可能出现异常操作的情况。例如，甲板的纵摇可能会增加着舰任务的难度。为了保证着舰安全性，LSO 需要判断舰载机是应该继续进场还是复飞。LSO 在着舰过程中发挥着非常关键的作用，因此 LSO 可能成为某些着舰事故的责任者。如果一个着舰事故是由于 LSO 允许了不符合要求的进场而导致的，那么无论飞行员的技术如何，LSO 也通常会被认定为事故责任者。这样的事故在事故报告中会描述为“LSO 未能及时下达复飞命令”。

训练 LSO 的感知和决策技能是 LSO 训练的主要目标之一，目的是防止舰载机着舰事故的发生。有关研究显示 LSO 训练还有提高的余地[1,15]。还有一些研究指出,有效利用舰载机着舰环境仿真对 LSO 训练有积极的影响[1,5]。

本章的研究是通过分析 LSO 在着舰事故中的表现,并将 LSO 的技能缺陷与 LSO 训练系统的功能相关联,实现 LSO 训练水平提升的量化。

理论上,LSO 导致的着舰事故是可避免的。然而,理想的 LSO 在现实世界中并不存在。因为着舰过程还涉及其他的人为因素(飞行员、船员)以及操作和环境因素,所以不可能完全避免着舰事故。因此,专家习惯于做出保守的评估:LSO 训练能够减少 LSO 责任事故。

在研究中,资深 LSO 针对如下两个问题,对 1970—1980 年间发生的 24 起舰载机着舰事故进行了判断:第一个问题是 LSO 能否避免事故的发生,第二个问题是提升 LSO 训练水平能否对 LSO 的表现有积极的影响。通过 LSO 团体会议,获得了这两个问题的概率描述。例如,针对一起事故,LSO 团体认为 LSO 能够避免这次事故的可能性为 60%,而提升 LSO 训练水平有 50% 可能对他的表现有积极影响。基于以上结果,具有 LSO 训练系统研发经验的高级训练系统分析员得出了如下结论:LSO 训练系统能够为每一次事故情况提供高水平训练。

研究中涉及三种概率术语,将概率与每次事故的损失成本相乘,就能估计出潜在的成本节约,利用概率估算成本节约的公式如下:

$$\text{成本节约} = P_{\mathrm{P}} \times P_{\mathrm{T}} \times P_{\mathrm{S}} \times \text{事故的损失成本}$$

其中,P_{P} 为 LSO 避免事故的概率,P_{T} 为 LSO 训练提高 LSO 技能的概率,P_{S} 为 LSO 训练系统符合预期功能的概率。

研究结果表明,LSO 训练系统有助于 LSO 减少舰载机着舰事故的发生,所以 LSO 训练系统能够有效地节约成本。下面介绍成本节约的研究方案、数据收集、数据分析和结论。

5.2 成本节约研究方案

成本节约研究方案的基础是 LSO 训练可以提高着舰安全性,如果 LSO 训练水平提高了,那么舰载机着舰安全性也会提高。舰载机着舰安全性的提高,反映为舰载机着舰事故率的减少。舰载机着舰事故的损失是着舰安全性更灵敏的标志,因为事故损失是舰载机机型和遭受毁坏程度的函数。例如,F－14A 型舰载机在事故中的损失要远远高于 A－7E 型舰载机。此外,毁坏可以分为飞机毁坏和重要部件损坏两种。在研究初期通过美国海军航空系统司令部建立的 FY80 计算平均损失获得了各机型两种损坏的大致经济损失。

通过研究还发现了一些其他影响设计的因素,其中最重要的是选择一种方法估算提高训练水平对 LSO 工作表现的影响。由资深 LSO 对 LSO 工作表现的提高进行估计是一种迅速而有效的方法。资深 LSO 评价可与事故损失一起用于估算提高 LSO 训练水平带来的成本节约,若资深 LSO 以具体发生的事故为依据,那么他们的评价将会更加可靠。接下来要考虑如何利用过去的事故情况估算未来舰载机着舰操作的成本节约?为保证估算的合理性,应当研究足够长的一段历史时期内的舰载机着舰安全性影响,例如操作速度。近十几年内,美国在如下方面得到了提升:操作速度的提高(战争时期与和平时期对比),新型舰载机(F－14 型舰载机、S－3 型舰载机等)编入舰队,舰载机的着舰事故率大幅度降低。

着舰事故的描述是这项研究的重要基础,研究中选取了 1970 年 7 月到 1979 年 12 月之间的 158 次舰载机着舰事故,下面选择适当的事故进行分析。首先,选取的事故必须是 LSO 责任事故,表 5－1 列出了 51 次满足这个条件的事故。然后,基于其他因素的考虑逐渐减少待选事故的数目:为了充分体现未来 LSO 的指挥经验,首先剔除了涉及老式飞机(例如,RA－5C 型舰载机、F－8 型舰载机、A－3 型舰载机、E－1 型舰载机和 A－4 型舰载机)的事故,然后剔除了描述不充分的事故,本研究采用剩下的 24 个事故进行分析。表 5－1 采用星号标记剩下的 24 个事故,这些事故所涉及的机型只包括 A－7 型舰载机、F－4 型舰载机、F－14 型舰载机、A－6 型舰载机和 TA－4 型舰载机。

表 5－1　LSO 责任事故

序号	飞机型号	白天(D)或夜晚(N)	损坏年月	毁坏等级	损失金额×1 000/美元
1	F－8J	N	1970.8	C	134
2	F－8N	N	1970.8	C	134
3*	A－7A	D	1970.11	A	1,518
4	A－4F	N	1971.2	C	119
5	F－8J	N	1971.2	A	892
6	F－4B	D	1971.2	C	300
7	RA－5C	N	1971.4	C	538
8	EXA38	N	1971.6	C	401
9*	A－7E	N	1971.7	A	2 874
10	E－1B	N	1971.7	C	65
11*	A－7E	N	1971.11	A	2 874
12	F－4J	D	1971.12	C	477
13*	F－4B	N	1972.1	C	300
14	A－7E	N	1972.2	A	2 874
15	RA－5C	D	1972.3	C	538

表5-1(续)

序号	飞机型号	白天(D)或夜晚(N)	损坏年月	毁坏等级	损失金额×1 000/美元
16*	F-4J	DSK	1972.4	C	477
17	EXA38	N	1972.6	C	401
18*	F-4B	N	1972.8	C	300
19	A-4E	D	1972.9	A	776
20*	A-6A	N	1972.10	A	3 712
21	TA-4J	D	1972.10	C	122
22*	A-7E	N	1972.11	A	2 874
23*	A-7E	N	1972.11	A	2 874
24*	A-7E	N	1972.11	A	2 874
25	RF-8G	D	1972.12	C	500
26*	F-4J	N	1972.12	C	422
27	F-8J	N	1973.6	C	134
28	F-8J	N	1973.8	C	134
29	RA-SC	D	1973.9	C	538
30*	F-4J	D	1975.1	C	477
31	RA-5C	N	1975.4	C	538
32	F-8J	N	1975.7	A	892
33*	A-7A	N	1975.11	C	143
34*	TA-4J	D	1976.1	C	122
35*	A-7E	N	1976.4	A	2 874
36*	A-7A	N	1976.11	A	1 518
37*	A-7A	N	1976.11	C	143
38*	F-14A	N	1977.3	A	13 997
39*	F-4J	N	1977.5	A	2 510
40	EA38	N	1977.9	C	273
41*	F-14A	N	1977.10	A	13 997
42*	KA-6D	N	1977.12	A	2 067
43	A-7E	N	1978.1	A	2 874
44*	TA-4J	D	1978.5	C	122
45*	F-4J	N	1978.6	C	477

表5-1(续)

序号	飞机型号	白天(D)或夜晚(N)	损坏年月	毁坏等级	损失金额×1 000/美元
46	F-4J	N	1978.6	C	477
47*	F-4J	N	1978.8	C	477
48	EA38	N	1978.10	C	273
49	A-7E	N	1978.10	A	2.874
50	RA-SC	D	1978.12	C	538
51	F-4J	N	1979.3	C	477
合计					75 649

研究方案的另一个重要方面是选择一种获取LSO关于成本节约意见的方法。基于以下考虑,研究中没有采用问卷调查的方式:第一,在研究期间存在很多因素可能导致无法收到调查问卷的回复;第二,回复调查问卷可能消耗受访者的大量时间,因此问卷的回复率可能较低;第三,考虑到实际情况和时间约束调查问卷中的有效信息将减少,而且处理大量的调查回复数据需要消耗很多的时间和人力,因此,最终采用召开一组或多组LSO事故回顾会议的方式获得LSO意见。项目组组织COMNAVAIRPAC(美国海军太平洋舰队航空司令部)和COMNAVAIRLANT(美国海军大西洋舰队航空司令部)各自举办了一场资深LSO的研讨会议。

会议中,项目组对数据收集工作的具体细节进行了计划和评估,提取每一次事故的记录信息并用投影仪展示其概述。事故信息包括如下内容:

①飞机型号;

②白天或者夜间情况;

③航母;

④事故总结的逐字叙述;

⑤当时飞行员经验信息。

为了使受访者充分了解本项研究的背景,项目组向会议参与者提供了事故回顾、会议程序和用于LSO判断的指南。数据收集的形式包括等级划分、用于确定重要事故训练需求的项目清单和参会LSO的调查问卷。附录A是会议期间用于数据收集的材料,很详细地表达了上述内容。为了促进会议程序和材料的修改,资深LSO会在前期准备会议上使用上述材料和程序对数据收集方法、材料是否充足以及确定会议所需时间进行评估。会议由高级研究分析员主持。会议首先介绍了背景信息、会议程序和用于LSO判断的指南,然后给出两个事故作为范例,以便与会者熟悉数据收集任务。对于每一个事故,首先与会者都会阅读事故相关描述,然后会议主持者会阐明或者强调与项目相关的概述。具有相关信息或者经验的 LSO 会进行进一步的事故介绍。接下来,讨论组需以小组为单位判断“LSO(主控或者后备)能够避免事故发生的概率”。经过小组讨论,得出“提高训练水平和/或 LSO 指挥经验能够帮助 LSO 更好地处理情况的概率”的结论后,需要进一步进行组间讨论,以达到小组间的共识。事故回顾的最后一步是分组确定“能够提高 LSO 应对该着舰情景或相似着舰情景的重要因素”。在数据收集期间,各小组在概率 P_p 或者概率 P_t 方面的意见基本一致。大多数时候,判断的范围相差 20% 之内(例如 40% ~60% ,80% ~100%)。多数情况下,对会议中得到的概率数据进行了笔录或录音。做会议录音的原因是讨论内容可能与其他研究方面相关,例如确定重要概念、关键指挥工况和变量等。

5.3　成本节约数据

第一次数据收集会议在加利福尼亚的 NAS Miramar 基地召开,7 位资深 LSO 参会,其中包括 COMNAVAIPRAC(美国海军太平洋舰队航空司令部)的 LSO。第二次会议在佛罗里达的 NAS Cecil 基地举办,13 位资深 LSO 参会,一位是 COMNAVAIRLANT(美国海军大西洋舰队航空司令部)的 LSO,其他是 LSO 训练模型管理中心的人员。这 20 位 LSO 都具有丰富的经验,其中有 8 位 LSO 达到了 LSO 任职资格标准,其余的 LSO 拥有飞行或训练资格,或者同时具备这两个资格。同时,这些人员也是各飞机编队的代表(八位来自 A –7 编队,四位来自 F –14 编队,三位来自 A –6 编队,两位来自 F –4 编队)。

表 5 –2 给出了 1970 年 7 月到 1979 年 12 月之间的 24 个事故例子。大多数事故(19 次)发生在夜间。有两种损坏等级:飞机毁坏(A)和重要部件损坏(C)。根据美国海军官方对 FY80 的计算,这些事故全部的损失约为 57 356 000 美元。绝大多数事故(18 次)涉及 A –7 和 F –4 型舰载机。

表 5 –2　数据收集(按顺序呈现)

事故信息					LSO 判断概率	
飞机型号	日期	白天或夜间(D/N)	毁坏等级	损失金额/美元	P_P	P_T
A –7A	1976. 11	N	C	143 000	43%	89. 5%
A –7A	1970. 11	D	A	1 518 000	93. 5%	77%
F –4J	1978. 1	N	C	477 000	44%	44%
KA –6D	1977. 12	N	A	2 076 000	67. 5%	83. 5%
F –14A	1977. 5	N	A	13 997 000	76%	83%
A –7E	1971. 11	N	A	2 874 000	9%	93. 5%
A –7A	1975. 11	N	C	143 000	57%	70%

表 5-2(续)

事故信息					LSO 判断概率	
飞机型号	日期	白天或夜间(D/N)	毁坏等级	损失金额/美元	P_P	P_T
F-4J	1975.1	D	C	477 000	96.5%	96.5%
F-4J	1972.2	N	C	477 000	83.5%	9%
A-7E	1971.7	N	A	2 874 000	64%	64%
A-7E	1972.11	N	C	143 000	9%	96.5%
F-4J	1977.5	N	A	2 510 000	83.5%	96.5%
A-7E	1972.11	N	A	2 874 000	100%	93.5%
A-7A	1976.11	N	A	1 518 000	100%	100%
F-48	1972.8	N	C	300 000	93.5%	93.5%
F-4J	1972.4	黄昏	C	477 000	93.5%	100%
F-14A	1977.10	N	A	13 997 000	64%	96.5%
F-4J	1978.	N	C	477 000	20.5%	57%
TA-4J	1976.1	D	C	122 000	100%	96.5%
A-6A	1972.10	N	A	3 712 000	82.5%	76%
F-4B	1972.1	N	C	300 000	50%	63%
TA-4J	1978.5	D	C	122 000	100%	96.5%
A-7E	1972.11	N	A	2 874 000	100%	100%
A-7E	1976.4	N	A	2 874 000	80.5%	93.5%

表 5-2 中的 LSO 判断是由两次数据收集会议获得概率平均得出的。表 5-3 记录了会议期间涉及 LSO 训练需求的事故统计。附录 I 记录了会议的原始数据。

表 5-3 LSO 确定的训练需求

要求	事故次数
复飞决定	20
及时且正确地使用 LSO 命令/信号	16
LSO 工作台团队相互作用/相互协调	16
识别进场偏差	14
LSO 知识(程序、规则/限制、机型性能等)	14
飞行员与 LSO 通信时,飞行员较差的响应	12
飞行员经验水平低	11

表 5－3(续)

要求	事故次数
登舰压力	7
飞机故障	7
“经典”的进场趋势	6
回收协调（航母空中交通管制中心/飞行主控中心/着舰指挥官）	6
非理想甲板风	5
甲板运动	4
工作台位置	3
飞行员飞行技能知识水平低	3
手动光学助降系统	2
阻拦网回收	2
甲板状态(满足着舰要求/不满足着舰要求)	2
天气/下雨/较差的能见度	2

5.4　数据分析和结论

完成数据收集后,重点分析 LSO 训练系统的预期性能与提高 LSO 训练水平的关系。这里采用建立概率(P_S)的方法,P_S 即 LSO 训练系统能够为每种情况提供有效的 LSO 训练概率。

分析过程中需要考虑如下两点:第一点是每种特定的事故情况都涉及复杂的知识,这种复杂性将降低 LSO 训练系统提高 LSO 训练效果的概率,即会降低 P_S 值;第二点考虑是实现 LSO 训练系统预期性能的风险,估计这一因素的影响具有更高的风险,会导致 P_S 值的降低。

为了估算训练过程所需知识的复杂性,项目组分析了 LSO 针对每种事故情况提出的训练需求。如果训练需求能够表示为信息和 LSO 合理指挥之间的简单关系,那么学习的复杂性就最低了。例如,飞行员进场状态不稳定会使 LSO 感觉失去指挥舰载机安全着舰的信息。合理的 LSO 指挥是以这些为基础的,而不是有明显的信息就复飞。然而,在复杂性的另一方面,信息和 LSO 指挥之间的关系却不这么明显。例如,非理想操作状态(例如,甲板运动、天气、未挂索等),飞行员表现欠佳(例如,对于 LSO 指令反应迟钝,飞行趋势稍微低或高,对中控制稍微抖动等)。对于这种情况,LSO 指挥决策过程中必须综合考虑多种因素及其复杂的关系。

技术风险判断受训练需求、仿真和教练支持技术状态的影响。训练需求包含了仿真和教练支持功能的需求，这些功能需求可通过技术可行性分析和近期训练系统技术分析得到。

LSO 背面显示系统（LSORD，附属于 A－7E 夜间航母着舰训练系统（NCLT）的 LSO 训练系统）的使用证明了技术的可行性。该设备已经得到 LSO 训练模型管理中心的认可，并用于 NAS Cecil 基地的部分 LSO 训练。该系统具有模拟部分指挥环境和教练支持的功能。Hooks and McCauley 在 1980 年的报告中给出了 LSORD 的评估结果[15]，报告详细地阐述了 LSORD 的性能和局限性以及 LSORD 辅助 LSO 训练的效果。

在确定 P_S 的过程中需假设 LSO 训练系统能够为所有 LSO 受训者提供训练帮助。LSORD 技术的一个主要局限是，该系统只装备于 NAS Cecil 基地和 NAS 基地，不能为所有 LSO 受训者提供辅助训练。还有一个限制是 LSORD 针对 A－7E 型舰载机夜间航母着舰训练系统（NCLT）开发。为使 LSO 训练系统更有效，需要更多的装备 LSO 训练系统，使 LSO 训练系统在所有 LSO 训练计划中都能得到应用。

上述分析可采用式（5－1）和式（5－2）进行描述。

$$P_S = f(P_I, P_C) \tag{5-1}$$

式中 P_S—— LSO 训练系统能按照需求功能开发的概率；

P_I——教练效果的概率；

P_C——技术支撑需求功能的概率。

$$P_C = f(P_L, P_A) \tag{5-2}$$

式中 P_L——LSORD 能展示需求技术的概率；

P_A——先进技术能实现功能的概率。

P_S 由经验丰富（例如海军 LSO）且具有连续三年半以上 LSO 训练研究基础的高级训练分析员确定。这项工作同样需要与 LSO 训练模型管理中心和其他与训练要求有关的资深 LSO 进行频繁沟通，并不断更新 LSORD 效果的反馈。

主观因素可能引起研究的可信度问题，因此采用两种独立的 P_S 估算方法。第一种估算是训练分析员保守的效益分析，这种估算以 LSORD 的使用情况为依据，因此具有低成本和低技术风险的特点。第二种估算是训练分析员对先进 LSO 训练技术条件下最优训练技术的估计。

将本节的分析结果和前面几节介绍的数据描述结合起来，得到了成本节约的估算范围。表 5－4 给出了 P_S 的估计、成本节约的估计范围、事故信息、LSO 判断概率。事故损失的原始金额为 57 356 000 美元，由此估算成本节约的范围大约为 2 100 万美元到 3 200 万美元（节省 38%～56%）。

表 5-4 数据分析结果

事故信息					LSO 判断概率		P_S		估计节约成本×1 000/美元
飞机	日期	D/N	毁坏等级	损失金额×1 000/美元	P_P	P_T	低	高	
A-7A	1976.11	N	C	143	43%	89.5%	40%	80%	22~44
A-7A	1970.11	D	A	1 518	93.5%	77%	40%	80%	437~874
F-4J	1978.1	N	C	477	44%	44%	30%	60%	28~55
KA-6D	1977.12	N	A	2 076	67.5%	83.5%	50%	80%	585~936
F-14A	1977.5	N	A	13 997	76%	83%	50%	80%	4 415~7 063
A-7E	1971.11	N	A	2 874	90%	93.5%	30%	70%	726~1 693
A-7A	1975.11	N	C	143	57%	70%	40%	80%	23~46
F-4J	1975.1	D	C	477	96.5%	96.5%	80%	90%	355~400
F-4J	1972.2	N	C	477	83.5%	90%	40%	80%	143~287
A-7E	1971.7	N	A	2 874	64%	64%	50%	80%	589~942
A-7E	1972.11	N	C	143	90%	96.5%	40%	80%	50~99
F-4J	1977.5	N	A	2 510	83.5%	96.5%	80%	90%	1 618~1 820
A-7E	1972.11	N	A	2 874	100%	93.5%	50%	90%	1 344~2 418
A-7A	1976.11	N	A	1 518	100%	100%	40%	90%	607~1 366
F-4B	1972.8	N	C	300	93.5%	93.5%	70%	90%	184~236
F-4J	1972.4	D	C	477	93.5%	100%	70%	90%	312~401
F-14A	1977.10	N	A	13 997	64%	96.5%	60%	80%	5 187~6 916
F-4J	1978	N	C	477	20.5%	57%	70%	90%	39~50
TA-4J	1976.1	D	C	122	100%	96.5%	70%	90%	82~106
A-6A	1972.10	N	A	3 712	82.5%	76%	60%	80%	1 396~1 862
F-4B	1972.1	N	C	300	50%	63%	50%	80%	47~76
TA-4J	1978.5	D	C	122	100%	96.5%	50%	90%	59~106
A-7E	1972.11	N	A	2 874	100%	100%	80%	90%	2 299~2 587
A-7E	1976.4	N	A	2 874	80.5%	93.5%	50%	80%	1 082~1 731
									21 629~32 114

为了进一步估算成本节约的实际价值,在成本节约估算中可以将当前机型等价为一定数目的替换机型。那么保守的估计 2 100 多万美元等价于 7.5 架 A－7E 型舰载机、1.2 架 E－2C 型舰载机、1.5 架 F－14 型舰载机、1.5 架 EA－6B 型舰载机、2.6 架 A－6E 型舰载机、2 架 S－3A 型舰载机、8 架 F－4S 型舰载机或 2 架 P－3C 型舰载机。

对事故例子进行分析之后,应该判定事故例子中的机型能否代表目前和未来短期内的飞机类型。在 51 次 LSO 责任事故中除去那些老式飞机(按照当时舰队部署),还剩下 36 次事故。因此,除了两个例外,这 36 次事故中的机型能代表当时的机型,并能代表之后十年的装备机型。当时由于 F/A－18 型舰载机还没有实装使用,所以这些事故不能代表 F/A－18 型舰载机。综合考虑机型和其他因素,选择 24 次事故作为代表事故,同时与实际事例进行对比。表 5－5 给出了与代表事故相近的实际事例。

表 5－5 代表事故和实际事例的比较

		36 个事故	24 个事故代表	实际事例
飞机类型	A－3	4	3	0
	TA－4J	3	2	2
	A－6	2	1	2
	A－7	13	9	10
	F－4	12	8	8
	F－14	2	1	2
白天/时间	白天	7	5	4
	夜间	28	19	19
	黄昏	1	0	1
毁坏等级	A	16	11	12
	C	20	13	12

此外,为了进一步分析训练强度和训练系统功能的相对重要性,根据 LSO 对每个事故提出的训练需求情况,对事故进行了分组,在此基础上对成本节约与事故组间的关系进行了分析。对于具有高训练需求的事故进行了经济损失和成本节约的总结。由于指挥过程的相互作用,成本节约不能直接与训练需求相关联(除复飞决策外),表 5－6 给出了这项分析结果。

表 5-6　训练需求及其相关事故

训练需求	事故数量	损失 ×1 000/美元	与事故有关的估计成本节约 ×1 000/美元
复飞决策	20	53.749	19.921 ~ 30.144
及时和正确地使用指令/信号	16	47.402	17.988 ~ 27.024
LSO 工作台团队相互作用/协调	16	39.853	14.843 ~ 21.809
识别进场偏差	14	48.054	18.466 ~ 27.219
LSO(程序,规则/限制,飞机,等等)	14	43.812	15.587 ~ 22.296
飞行员与 LSO 通信时,飞行员较差的响应	12	41.028	14.476 ~ 22.023
飞行员经验水平低	11	37.942	14.686 ~ 21.432

同时,项目组还分析了 LSO 训练系统的其他益处,这些益处的价值很难用美元来衡量,但却影响着决策过程,因此这里就此进行分析。提高 LSO 工作表现可以提高航母的操作效率,进而可提高舰载机着舰成功率。LSO 训练系统有能力培养更多合格的 LSO,以便于减少 LSO 工作量和增加 LSO 工作人员的可选性。此外,LSO 训练系统可促进工作表现标准的改进。若 LSO 训练系统能够为海军航空储备力量提供更新训练,同时能够使不具备 LSO 资格的受训者通过训练重新进入舰队,那么 LSO 指挥工作表现的提高也将带来飞行员训练中的 LSO 表现提高。

5.5　结果说明

本节研究潜在的成本节约与 LSO 训练系统的关系。如果事例中所有因素保持不变,可以推测出之后九年半时间的成本节约等于估算的成本节约。然而,所有的因素不会一直保持不变,航母的速度会发生变化、舰队将引入新型舰载机,舰载机助降装置会改进,飞行员技能水平会有不同。此外,本书仅以舰载机着舰为例推导成本节约,不考虑与 LSO 工作和 LSO 训练计划相关的其他成本。本节的目的是给出成本节约分析的结果,推算 LSO 训练系统带来的成本节约,当然这个推算将受到多种因素的影响。

首先,重新评估成本节约可行性分析的可信度。由于如下原因估算的成本节约是保守的:只使用了 158 次事故中很少的一部分作为代表事故(24 次),代表事故仅包含了 LSO 责任事故,认为提高 LSO 表现能够有效地避免事故或者减少经费损失，估算过程采用了三种不同的概率值相乘，估算过程没有考虑人员损失的成本，以 LSORD 的功能为判断依据，因此 LSO 训练系统功能可实现概率(P_S)中的不确定因素较少。最后，研究中涉及的 LSO 经验丰富、技术水平高，因此他们的判断可信度较高。总的来说，估算的成本节约是保守的，且可信度较高。

上面估算了 1970 年 7 月到 1979 年 12 月的成本节约，下面以此作为基于估算未来着舰操作的成本节约。可以肯定的是，在将来一段时间内，估算的成本节约将会等同于或超过当时。估算中考虑的航母操作能够体现之后二十多年的情况。操作速度的变化包括战斗操作以及和平时期低水平和高水平的操作。当时，舰队引入了新型舰载机(F－14 型舰载机和 S－3 型舰载机)，舰载机着舰事故率相对地降低，全自动着舰系统(ACLS)也达到了成熟。此外，使用的代表事故(包括飞机技术)能够代表之后的预期发展目标，因此可以预测在之后十年成本节约为 2 000万美元或更多。

然而，对未来的预测总是带有一定的风险性。因此，必须考虑未来情况对上述分析的影响。在做出决策时，必须考虑这些潜在影响，即使它们难以计算并且不能确定。

尽管以后的机型和个别事故的成本可能增加，仍然还有很多因素能减少估算的成本节约，其中一些因素与技术进步有关。

使成本节约估算偏低的影响因素如下：

①舰载机助降装置的改进；

②飞机着舰特性的改善；

③放宽的着舰操作；

④飞行员舰载机着舰训练的改进；

⑤经验丰富的飞行员和 LSO 更高的留队率。

使成本节约估算偏高的影响因素如下：

①更高的飞机部件成本(例如 F/A－18 型舰载机的每一个部件超过 3 000 万美元)；

②更紧张的着舰操作；

③舰队将引入的新型舰载机具有更高的事故率(例如 F－8 和 RA－5C；虽然不太可能)；

④不良情况下的航母操作(甲板运动、天气、有转移区域等)。

此外，项目组还结合调查问卷结果(第 4 章)对事故分析结果(附录 C)进行了分析。

最值得注意的是，LSO 对复飞危险程度的意见(见表 4－3)与事故损失中隐含的复飞表现(见表 5－6)高度相关。在工况变量中，使 LSO 意见(见表 4－4)与着舰事故(见表 5－5)关联最大的是夜间环境。LSO 对于飞行员因素的意见(见表 4－2 和 4－4)也与事故分析结果(见表 5－3 和表 5－6)一致。其他 LSO 认定具有很高的危险等级的工况变量（见表4－2和表4－4），例如“甲板纵摇”“使用手动光学助降系统”“看不见地平线”“没有转移区域”和“能见度降低”，没有直接作为舰载机着舰事故（见表5－3和表5－6）成本的主要影响因素。毫无疑问，这些因素和其他的因素也增加了LSO执行任务的难度，但发生的概率较小（在复杂情况下发生，通常由经验丰富的LSO承担指挥任务），因此它们没有成为舰载机着舰事故的主要因素。

通过上述因素或其他可能因素的分析得出成本节约估算是高度可信的。即使将LSO训练系统带来的LSO表现提升保守地估算为10%，成本节约都是非常可观的。如果使用与本书相似的代表事故，成本节约将接近600万美元。

显然，成本与LSO训练系统的生命周期有关。在系统研发完成后，投资回报收益是主要考虑的问题之一。本章提供了定量地估算LSO训练系统潜在收益的方法，下一章将给出LSO训练计划中相关数据和分析的内涵。

第 6 章 LSO 训练内容

本章根据前文的分析和研究，总结 LSO 训练的具体内容。前文的研究形成了工作表现和紧急情况的信息数据库，数据库可分为相关联的两部分：一部分数据用于支持 LSO 训练系统设计，另一部分用于提炼关键学习内容和训练工况因素。本章构建数据库信息结构，为建立飞行员和飞机行为模型提供基础。

本章首先分析了数据相关性，提炼了 LSO 关键技术，在此基础上讨论了关键学习内容和工况变量。

6.1 数据相关性分析

数据相关性分析是研究 LSO 表现的前提，也是 LSO 训练需求分析的基础。数据相关性分析就是将 LSO 的专家意见（第 4 章）、其他研究者意见（第 3 章）与事故分析结果（第 4 章、附录 C）相关联，然后进行信息整合，提炼关键学习内容和关键工况变量。

信息整合的第一步是通过搜集信息（文献综述、调查和事故回顾）提炼训练需求的边界条件。根据边界条件，可将候选受训者的训练需求大致分为如下几类。

（1）按工作技能表现分

可分为复飞、飞机控制策略、回收管理。

（2）按工况因素分

可分为飞行员、飞机、自然环境、操作。

信息整合的第二步是分析研究结论中蕴含的边界条件，提取每种类别的边界条件。

复飞性能是最重要的，LSO 专家认为复飞的危险性最高，事故分析结果也同样证明了复飞的重要性。事故分析表明在复飞类别中候补 LSO（Backup LSO）的表现是最关键的，但这一结论并没有体现在 LSO 调查中，经过讨论后，LSO 认可了该结论。所有数据一致证明，在飞机控制策略类别中，在接近舰尾阶段使用紧急语音命令（例如，“油门”“右移对中”等）是非常重要的。同样，该类别中 LSO 的风险预测能力也是非常重要的，所谓 LSO 风险预测是指 LSO 根据对着舰前期趋势的观察，对飞行员操作和着舰趋势进行预测。LSO 调查结果表明，MOVLAS（手动光学助降系统）的性能非常关键，但事故分析研究没有得到相同的结论，这可能因为经常由资深 LSO 承担使用 MOVLAS 的任务。在 LSO 工作中，回收管理类别是中度重要的，但也存在一些由于 LSO 操作或决策不规范引起的着舰事故。回收管理训练的目的是为更高阶段的训练(如培养LSO工作团队指挥和航空部队LSO指挥的训练)做准备。

LSO的调查和事故分析结果一致表明,飞行员相关因素在工况因素类别中是最重要的,其中,飞行员无应答和着舰趋势尤其重要。此外,所有分析得到的一致结论如下:

①飞行员情况(指飞行员的经历和对着舰趋势的感悟能力)属于中等重要等级;

②飞机因素属于中等重要等级,虽然机型是事故分析经常提到的因素,但对LSO训练需求而言,在飞行控制中飞行员因素更重要;

③在自然环境类别中,夜间环境和甲板俯仰运动是最重要的,看不见地平线和不理想的环境风条件是中等重要的;

④操作压力(例如,飞机故障,回收人员协调性差,多种不理想的回收条件)引起的复杂状况是中等重要的,即使在较理想的情况下,LSO也有安全、高效完成任务的压力。

虽然工作压力特别大的情况不经常出现,但工作压力大情况下的事故发生率反而较低,这很有可能是因为这种任务经常由资深LSO来完成的。但是在LSO训练课程的高级阶段进行高压力训练是非常必要的。

6.2　关键技术

本节讨论LSO的关键技术(见表6-1),同时对LSO训练过程中的关键学习内容和工况变量的使用背景进行介绍。

表6-1　LSO的关键技术

关键技术	技术要素
复飞决策	决策点/窗口 决策因素 LSO团队的交互
飞机控制策略	预期 进场趋势 飞行员习惯 飞机性能 复杂环境
回收管理策略	回收准则/约束 回收效率/安全

复飞决策是LSO工作中最关键的方面,复飞因素作为着舰事故原因的概率是明显的证据。复飞决策包括两个关键方面:一方面是复飞决策的及时性,很多撞击舰尾和空中挂索的事故都是由过晚复飞决策导致的;另一方面是错误的复飞决策,LSO在需要复飞的条件下没有下达复飞命令经常导致硬着舰或非对中挂索,有时也会引起撞击舰尾事故。同样值得注意的是,LSO较差的复飞决策表现与复杂的回收环境无关,多数事故和险些发生事故的情况都发生在正常回收环境下。显然,飞机动态性能、趋势和飞行员习惯是确定复飞决策点的基础。发生在恶劣环境条件(甲板运动、非最优风速、较差的视觉环境等)或者其他影响因素(飞机故障、操作压力等)下的着舰事例表明,在复飞决策过程中综合考虑多种复杂因素是非常重要的。此外,事故分析和LSO研讨表明,主控LSO频繁被一些状况干扰,原因是候补LSO并没有很好地发挥作用,在很多情况下,如果候补LSO发布复飞命令,事故是可以避免的,这同样表明着舰指挥过程中LSO团队合作的重要性。

着舰全程的飞机控制策略对LSO成功完成任务非常重要。在很多情况下,LSO在复飞决策点之前的有效指挥能够避免复飞情况的出现。有时LSO允许舰载机以较大的偏差到达复飞决策点,这说明在着舰中间阶段之前LSO的感知和决策能力是非常重要的。事故分析和LSO调查表明,动态进场趋势、飞行员习惯和飞机性能的预测能力是非常重要的。着舰评估要求熟练的LSO应具有预测着舰趋势的能力,在着舰过程中,LSO需识别舰载机的着舰势趋和飞行员习惯,预测舰载机的飞行能力,选择适当指挥命令(语音命令或灯光信号)以及辅助飞行员完成着舰控制。LSO指挥命令的及时性和正确性对有效修正或消除着舰偏差具有很关键的作用。

飞机控制策略的决策难度与着舰状况复杂性相关。根据着舰情况,需要对LSO决策原则进行适当修正。例如,在恶劣的环境、飞机故障、飞行员迷失方向或缺乏经验、使用MOVLAS(手动光学助降系统)、通信故障等情况下,可能需要LSO提前指挥,增加指挥命令的种类,在通常下达提示命令的条件下使用强制性指挥命令。LSO应具备根据变化的着舰情况适当调整指挥命令的能力。

LSO同时还承担回收管理的重要职责。着舰事故报告提到了LSO回收管理职责中的失误。LSO必须密切关注回收条件,并根据条件采用适当的操作策略和规则(操作策略和规则通常与气候条件、飞行员熟练度等因素相关)。LSO的回收管理职责如下:

①保证着舰工况(如甲板风、甲板运动等)不超过舰载机和航母的操作限制;

②警惕由甲板运动或菲涅耳助降系统故障引起的着舰灯光错误指示;

③决策是否使用MOVLAS(手动光学助降系统)和改变理想着舰点;

④管理LSO工作台人员的相互配合情况,在恶劣条件下分解LSO的任务压力;

⑤向主飞行控制中心(PRIFLY)和航母空中交通管制中心(CATCC)通报异常情况,采取适当的方式参与协调工作并建立操作优先级;

⑥不会因过度追求着舰率而威胁到着舰安全;

⑦在超过飞行员调整能力的条件下建议取消着舰。

综上所述,LSO必须具备的能力包括复飞决策能力、飞行员操作预测能力、综合多种影响因素的决策能力。

6.3 关键学习内容

6.3.1 关键学习内容概述

前面全面总结、分析和研究了LSO的工作,但忽略了LSO训练的关键学习内容及其内在联系,而且相关研究材料较少。研究者和LSO训练模型管理中心认为这些学习内容对培养LSO受训者在各种着舰环境下的决策感知能力是非常重要的。对于LSO训练系统设计来说,这些“关键学习内容”必然影响训练大纲和决策规则的设计、训练工况变量的说明和性能评估方案。

关键学习内容由训练分析员和LSO获得。首先,训练分析员根据LSO工作表现分析文献中的关键环境信息和LSO调查分析内容,初步提出了关键学习内容;然后,由LSO训练模型管理中心对该内容进行分析,并给出反馈,在该过程中LSO训练模型管理中心重新对LSO进行问卷调查,并对舰载机着舰事故和事故成本进行分析。美国海军航空部大西洋舰队和太平洋舰队的LSO同样针对关键学习内容进行了分析和反馈。此外,在分析研究过程中项目组与教练员模型研究团队进行了沟通。

在这项研究中项目组对关键学习内容进行分类。首先根据环境因素对关键学习内容进行了分类,例如飞行员、飞机、自然环境、航母等。此外,列出了一些不能根据环境进行分类的因素。

关键学习内容的描述方式较多,其中一些关键学习内容是LSO着舰决策过程的注意事项,而其他则是LSO指挥的具体守则。大部分关键学习内容指明或暗示了工况因素与LSO行为或决策的关系。其中,复飞决策点位置与飞行员习惯、飞机类型和自然环境条件等因素的关系是关键学习内容中多次提到的重要内容。此外,关键学习内容还包括某些情况的预警条件(“如果……警戒……”),一些关键学习内容给出了某种情况下的LSO行为指导(“如果/当……LSO应该……”),一些关键学习内容以“应该”和“不应该”语言描述形式给出了LSO行为指导(“LSO应该经常……”或者“LSO不应该”)。

在研究过程中提炼了大量的关键学习内容,但由于复杂多变的环境因素及LSO多样化的指挥方式和技术,研究中提炼的关键学习内容可能存在遗漏和错误。为了促进LSO训练系统的发展,实现LSO训练计划管理和质量管理,应该不断地完善关键学习内容,使之发展成为更详细的感知行为指导。在LSO训练系统发展过程中,LSO 问题专家和训练专家应当重点关注关键学习内容的评价和验证。在系统发展中,有建议指出需要更多的着舰事故分析、调查并吸取近距离指挥的经验。在训练计划管理和质量管理过程中,LSO 训练模型管理中心应该与海军安全中心、LSO 指挥和空军 LSO 以适当的方式进行持续、正式地沟通,这样做的目的是为了便于提出训练内容的改进需求,确保训练资源得到有效的利用(尤其是 LSO 训练系统)。

6.3.2 关键学习内容列表

本节将给出 LSO 受训者应获得的关键学习内容详细列表,该列表描述了状况线索、决策因素和 LSO 行为间的内在关系。虽然列表中的某些概念仍不完善,但能够为 LSO 训练需求分析提供方向。关键学习内容可分为如下几组。

1. 基本规则

着舰进场前期使用信息语音命令,着舰进场后期使用语音强制命令。

LSO 冷静而自信的语音"Roger Ball(旗语通信)",对飞行员建立信心来说是很关键的。激动或不自信的语音命令可能会对飞行员随后的反应产生消极影响。

带有较小偏差的平稳着舰进场(例如飞得稍高)容易误导 LSO,对 LSO 在接近舰尾阶段的判断产生不利的影响,进而使 LSO 的可信度下降。带偏差的平稳着舰进场经常会引起这种假象:经过一段时间后,飞行员会认为 LSO 希望舰载机以这种方式进场并试图按照这种进场方式驾驶飞机。

LSO 扫描器(提供下滑道、对中、迎角信息)故障能够导致某一方向上的严重偏差。最常见的 LSO(和飞行员)失误是过度关注下滑道校正,而忽视了对中校正。因此,候补 LSO 也必须及时通报 LSO 扫描器的控制故障。

复飞时需同时使用复飞语音命令和手持控制器(Pickle)。

LSO(或候补 LSO,或 LSO 团队其他成员)必须经常检查横滚角度、钩尾距、钩眼距和每次着舰前的风速。

在复飞决策点以内,无论是因为甲板阻塞而复飞,还是因需要 100% 动力而复飞,都要清空舰尾(尽管后者可能是有争议的)。

在回收中,至少有一个 LSO 在一直监控无线电。

LSO 有两个指挥职责(安全职责和迅速回收),其中安全职责是必须保证的。

LSO 必须警惕对中过程引起的下沉,可在着舰进场对中调整之前下达"动力"语音命令。

不允许进场灯故障或进场灯闪烁的舰载机着舰进场。如果可能,要在飞行员报告着舰进场(Ball Call)之前要求飞行员检查起落架或者尾钩是否正常。

在菲涅耳透镜工作的情况下不要过分依赖 LSO 平台。

在能够语音通信和使用手持控制器(Pickle)之前不要打开菲涅耳透镜。

引导飞行员进行着舰修正,当飞行员表现或回收环境开始恶化时,LSO要加强干预。

下达复飞命令时必须冷静、坚定,过分激动的语音命令可能导致飞行员俯仰超调和空中挂索。

使用手动光学助降系统(MOVLAS)时,需通知飞行员。

手动光学助降系统(MOVLAS)必须提供明显的灯光变化以确保飞行员能够辨别灯光的指示。

在甲板纵摇严重的情况下使用手动光学助降系统(MOVLAS)时,需要更多的LSO语音命令。

在使用手动光学助降系统(MOVLAS)时,LSO必须避免飞行员看到位置比实际高的情况(High Eye)。

在使用手动光学助降系统(MOVLAS)时,不要推迟复飞决策,这时LSO比平时更繁忙。

候补LSO永远不要认为主控LSO会使飞机避开舰尾或主控LSO可以应对对中偏差,候补LSO要随时准备下达复飞命令。

主控LSO不要过度依赖候补LSO提供的飞机信息。

不允许极度疲劳或生病的LSO承担主控LSO或者候补LSO的工作。

2. 飞行员相关内容

在飞行员响应较慢的情况下,一旦出现危险偏差应尽早进行复飞决策。

LSO应将没有经验的飞行员视为不可测因素,但是也绝不能因为着舰飞行员技术高或有经验丰富就减少指挥,即使是技术高或经验丰富的飞行员,在复飞时也会发生严重的、不可预测的失误。

LSO不要认为飞行员可以在没有LSO指挥的情况下完成进场。

LSO不要认为飞行员会自行对偏差做出恰当的校正。

在飞行员迷失方向(例如眩晕)或处于极度疲劳的情况下,为确保着舰安全性,LSO需当作自己在驾驶飞机着舰一样进行细致的指挥(例如,LSO无线电引降)。

LSO不要认为在舰载机着舰过程中,飞行员会对LSO命令做出正确反应,要做好随时下达复飞命令的准备。

飞行员过去的表现(陆地着舰练习(FCLP)或舰上操作)并不代表当前的着舰表现。

任何改变飞行员常规操作的故障都会减少着舰过程的视觉信息(例如,塔康导航系统故障、罗盘故障、陀螺仪故障等)。

不熟练飞行员的着舰操作经常表现出初始偏差大和全程所有控制超调的趋势。

飞行员经历了两次复飞(不包括甲板阻塞而导致的复飞)后再次着舰时容易出现过度调整的现象。

用落点分布来表示一个飞行员在一个阶段内的挂索情况。

按照航母规范(CQ)进行操作,飞行员扫视通常很慢,所以此时应特别小心中间阶段和接近舰尾阶段的多重偏差。

针对不熟练的飞行员,LSO 应适当地将复飞决策点提前。

对于无判断力的或反应迟钝的飞行员,LSO 应考虑将复飞决策点提前。

在下达两或三次油门命令仍没有获得到飞行员有效响应的情况下,应该下达复飞命令。

如果下达姿态命令后没有获得飞行员的有效响应,应下达动力命令(如果需要也可下达复飞命令)。

3. 着舰趋势

在接近舰尾阶段,高偏差校正引发的撞击舰尾事故多于低偏差校正引发的撞击舰尾事故。

在接近舰尾阶段出现多种重要偏差时,LSO 应该下达复飞命令。根据经验,如果接近复飞决策点时,有两种主要偏差(下滑道、对中、迎角或动力)应当下达复飞命令。这些经验对执行航母规范(CQ)的飞行员尤其关键。

在接近舰尾阶段,若舰载机的动态性能不稳定(速度、动力、机翼位置、飞行矢量、俯仰),LSO 应该考虑下达复飞命令。

在舰尾,若舰载机位置偏高与较差的下沉速度同时出现,有可能导致危险的长距离逃逸。这时不能犹豫,需下达复飞命令。

在舰尾,舰载机位置过高与过大的下沉速度同时出现时容易导致硬着舰事故。

在着舰过程中 LSO 坚决不允许舰载机位置过低的趋势出现。

在着舰晚期对中校正过程中,应该做好提高下沉速度的准备。

在着舰过程中 LSO 不要允许舰载机位置过高趋势的出现。

若飞行员迷失方向或扫视效果差,开始趋势就会较差,则在开始阶段就预示着本次着舰会出问题。

开始较差的表现,经常导致着舰后半阶段出现过度控制的趋势。

要警惕因为飞行员过度关注下滑道(Meatball)而忽视对中控制,这会引起“Moth Effect”现象(在接近舰尾阶段或舰尾出现左漂现象)。

白天着舰时,要警惕飞行员试图调整极差状态的情况(例如,OSX,NESA HFX,HFX 等),如果舰载机着舰不稳定,应下达复飞命令。

飞行员很难校正开始到中间阶段的较大的下滑道偏差,这时需要额外的 LSO 辅助设备才能帮助飞行员完成着舰。

4. 飞机

对于发动机响应较慢的机型（例如，A－7 型舰载机、S－3 型舰载机和 F－14 型舰载机等），在即将出现高偏差时应在舰载机穿越下滑道之前下达调整命令。

对于发动机响应极好的机型（例如，A－6 型舰载机、EA－6 型舰载机和 F－4 型舰载机等），需要警惕飞行员动力过度控制，这也包括过多动力控制之后，为进行调整而过度减少动力的情况。

对于很难进行切断进场动力补偿系统（APCS）的机型，复飞决策位置应该适当前移。

在变化的风场下，“低速机型”（例如，E－2 型舰载机、S－3 型舰载机、F－14 型舰载机等）的对中控制比“高速机型”更危险。

进场动力补偿系统（APCS）不应该在高风速（超过 35 节）情况下使用。

大机翼机型（例如，E－2 型舰载机、S－3 型舰载机、F－14 型舰载机等）必须对中着舰，而且在舰尾位置不能出现漂移，只能允许微小的偏差。

A－7 和 F－14 型舰载机会出现舰载机减速下降（DECCD）和舰载机在中间阶段到接近阶段迎角大、位置高（HFIM－IC）的趋势，这些趋势容易导致事故。

对于 A－7 型舰载机，不允许在接近阶段出现舰载机位置偏高、下降（HCDIC）的趋势。该机型的发动机响应较差，很难通过动力调整过度的下沉速度偏差。

对于 A－6 型舰载机，当舰载机在接近阶段位置低、迎角小（LOSLOIC）时，要警惕对中校正引起的下沉。

对于 F－4 型舰载机，不允许明显的俯仰运动，或减小油门，尤其舰载机在接近阶段位置高（HIC）时，因为这会导致极高的下沉速度。

对于 F－14 型舰载机，若在使用进场动力补偿系统时出现在接近阶段甲板上倾、飞机位置高（HNDIC）的趋势，可能导致过多的下沉速度，此时不适合校正姿态，应使用动力命令。

EA－6B、E－2 和 F－14 型舰载机机身较长，因此空中挂索的可能性较高。

对于 A－7 型舰载机，在进行位置较低的平飘飞行（LOB）时应采取特殊的俯仰控制策略以避免逃逸或撞击舰尾。

由于 F－4 和 A－7 型舰载机的进场速度较高，因此低甲板风的状况下应该密切关注结束阶段的飞行情况。

EA－6B 型舰载机的下滑道偏差对俯仰控制非常敏感，同时会导致减速现象。

对于 S－3 型舰载机，在高甲板风状况下，很难在舰尾流中实现下滑道控制。

对于 S－3 和 F－14 型舰载机，在接近舰尾阶段，要警惕使用直接升力控制（DLC）条件下的机头下沉，因为这会产生过大的下沉速度。

由于横向控制能力差，F－4S 型舰载机的对中校正非常困难。

对于 S－3 型舰载机，在舰尾之外的区域内，使用直接升力控制（DLC）有利于大偏差调整和避免大幅度动力的减少。

受最大储油量的限制,F－4 和 EA－3B 型舰载机的主要问题是油料危机。

5. 故障

光学辅助系统的故障会使 LSO 的判断范围缩小,这将增加复飞决策(包括着舰技术和甲板状态引起的复飞)的难度。

若舰载机无线电故障(NORDO),需将复飞窗口提前。

若舰载机无线电故障(NORDO),除了灯光信号外,经常使用的有语音命令和紧急高频通信。

采用全自动着舰系统(ACLS)模式Ⅰ进场时要一直警惕故障。着舰早期的平稳趋势并不能保证成功地着舰。

对于单发动机进场,不允许不好的开始。

对于指示灯较少的飞机,考虑让飞行指挥官使用他的手电筒提供额外的参照。同样考虑让航母空中交通管制中心(CATCC)或候补 LSO 提供距离命令。

无论何时只要时间允许,都要获取飞机故障的简要说明,尽量避免依赖记忆。

对于有故障的飞机,应该尽可能了解它的配置和速度偏差。

对于配置异常的故障状况,要向飞行员询问着舰速度(in IAS)。

A－6 型舰载机的襟翼可能因为液压装置失灵而渐渐上升。

对于异常配置进场,通常检查是否需要改变横滚角。

S－3 型舰载机无襟翼着舰时,必须将复飞位置提前。

F－14 型舰载机单发动机着舰时,飞行员的工作负荷非常大。

S－3 型和 E－2 型舰载机的推力作用不对称,因此单引擎进场时对中控制很难。

E－2 型舰载机单发动机着舰时,必须避免减速。

F－4 型舰载机单发动机着舰时动力不足,在复飞和逃逸时需要加力。

C－1 型舰载机单发动机着舰速度很快,不要平飘着舰。

由于 F－4 型舰载机没有附面层控制(BLC)或半襟翼结构,因此着舰速度很高,甲板风很关键。

在 E－2 型舰载机的阻拦网回收过程中,对中非常关键。

S－3 型舰载机没有直接升力控制(DLC),机头俯仰对动力改变非常敏感。

F－14 型舰载机在没有直接升力控制(DLC)的情况下比平时更需要动力,因此导致发动机响应降低。

6. 环境

在甲板俯仰运动状况下,舰载机大偏差着舰是不允许的。

在能见度降低的状况下，若目标丢失（在3/4英里之内），LSO必须通过一切手段（SPN-42雷达、LSO平显或接听舰面控制着舰模式（CCA）命令等方式）追踪舰载机的位置和趋势。因此，LSO必须为飞行员提供及时的帮助（或及时作出复飞决定）。

在高甲板风（风速高于35节①）状况下，若动力不足或者姿态角改变，舰载机将迅速下沉。此外，在这种状况下不能使用进场动力补偿系统（APCS）。

在低甲板风（风速少于25节）状况下，若接近舰尾阶段的闭合速度较高，则减少下降或下沉的余地较少，应将复飞决策点提前。

右舷侧风使舰尾下沉速度增大。

在接近舰尾阶段和舰尾时，侧风条件将引起舰载机较大的漂移率。

在侧风条件下，在进行后期对中校正时需提前增加下沉速度。

在能见度低或看不见地平线的情况下，可以利用驱逐舰或直升机的位置确定参考下滑道。

在甲板运动的情况下，应将复飞决策点提前。

阳光、月光、烟、雨、雾等原因可导致飞行员能见度降低，此时LSO需要使用无线电引导着舰。若飞行员在距离舰尾1/4~1/2英里时仍无法看清航母，飞行员应主动复飞或命令其复飞。

为确保最大啮合速度，主控LSO（或候补LSO）必须不断地检查接近速度，特别是在低甲板风状况下。

在看不见地平线的情况下可使用动态钩尾距指示器来预测甲板俯仰运动周期。不过该指示器存在延迟。

在甲板运动的情况下，LSO须比平时使用更多语音命令。

在没有地平线参考的情况下，可使用其他方法（例如，LSO平显，SPN-42雷达）实现灯光校准。

当甲板风异常时，LSO应该告知飞行员。

若甲板风超过35节，应该使用4.0°的基础角。改变基础角设置时，必须通知航母空中交通管制中心（CATCC）。

按照经验，如果飞行员50%或更多的时间都在追踪光学下滑道，应该使用手动光学助降系统（MOVLAS）。如果稳定性好转，可继续跟踪光学下滑道。

舰载机在接近舰尾阶段左偏时，主控LSO容易丢失甲板运动周期信息。

在能见度低的状况下，飞行员看见着舰视觉辅助系统的难度大于LSO看见飞机的难度，应提供其他辅助。

在甲板运动过程中，摇摆不仅影响对中也影响下滑道。

---

① 1节=1海里/小时=1.852千米/小时。

在 30 ~ 35 节风速下进行短距离着舰时，应该考虑瞄准第四根阻拦索。

7. 操作状况

着舰时不能因为燃料不足或甲板压力等情况降低安全界限。

无论甲板处于何种状况，都不要等到复飞决策点再进行复飞决策。

在着舰中，对于陷入困境的飞行员，LSO 要比平时更早地提供着舰辅助（例如提早提供更多信息命令）。在接近舰尾阶段应确保舰载机处在适当的位置。

在舰尾准备好之前，不管存在何种着舰压力都不要使用让飞行员误解的命令，如“大胆尝试”。

在使用手动光学助降系统（MOVLAS）的高工作负荷状况下，考虑分解主控 LSO 的工作负荷。

当监督人员表现困惑或不熟练的时候，LSO 必须了解规则（例如，最大啮合速度、阻拦网和阻拦索转换、侧风限制等），以确保自己指挥的正确性。

若舰面控制着舰中心（CCA）失去了对飞机的控制（Lose the Bubble），LSO 必须挽救这种状况，确保着舰安全。

在 ZIPLIP/EMCON 状况下，安全仍然是最重要的，因此应毫不犹豫地使用语音命令。

不允许使用指挥工作台的命令，如“恢复阻拦索”和“好机会”。在甲板拥堵的状况下，这些命令可能影响主控 LSO 进行复飞决策。

在不安全回收状况（例如“甲板风不足”“过度的侧风”等）下，手持控制器（Pickle）是中止回收过程的有效工具。

在错过阻拦索且横滚角已经改变时，注意钩尾距间隙已经减少。

采用阻拦网回收时，在舰尾甲板准备好的前提下，在舰载机撞击阻拦网前下达“cut”命令。

采用阻拦网回收时，在接近舰尾阶段飞行员会暂时看不到“肉球”①。

采用阻拦网回收时，复飞位置必须明显前移。

采用阻拦网回收时，由于钩尾距减少，基础角应设为 4.0°。

采用阻拦网回收时，每种型号飞机的钩尾距和尾钩落点不同。

使用不断变化的钩尾距和/或航空母舰着舰稳定辅助系统（CLASS, Carrier Landing Aid Stabilization System）指示器来检测船体是否失去平衡，以及它对舰尾净空和着舰点的影响。

避免舰载机由右到左的漂移，特别是当船左舷倾斜时。

避免舰载机由左到右的漂移，特别是当船右舷倾斜时。

---

① 肉球指飞行员看到的橙色助降灯光。

在船体倾斜的情况下,着舰角度将发生改变。对于舰尾下俯的状况应避免下沉速度过快。

在右舷边使用手动光学助降系统(MOVLAS),可以发现飞行员扫视的错误。

如果飞行员技术较差,且超过舰面控制着舰模式(CCA)的限制,在2英里之内应使用"旗语"或者语音命令,以避免极差的着舰进场开始。

当有人在甲板上或飞机着舰区域时,将复飞决策点提前。

在错过阻拦索和甲板倾斜的情况下,需考虑由横滚角改变导致的理想着舰点变化。

若SPN-42雷达系统的下滑道校准失灵,可以利用语音通知航母空中交通管制中心(CATCC)。

如果工作台屏幕不显示接近速度信息,可以询问航空指挥官(Air Boss)或者航母空中交通管制中心(CATCC)。

采用阻拦网回收时,需检查船体的倾斜情况并且对理想着舰点进行适当的调整。

对于常规回收操作,舰尾净空不应少于10英尺。

采用阻拦网回收时,舰尾净空不应少于8英尺。

在回收过程中,若多架舰载机逃逸或提早钩挂拦阻索,这表明船体存在倾斜。

当船体倾斜使着舰点改变大约为拦阻索间距的一半时,建议改变理想着舰点。同样,缺失第4根阻拦索或同时缺失第4根和第3根阻拦索时,也应改变理想着舰点。

6.4 工况变量

上述研究是提炼LSO训练工况变量的基础。LSO训练环境变量是建立飞行员行为模型的基础。

根据逻辑关系对工况变量进行分类,初级分类包括飞行员、飞机和环境。其中,飞行员类别包括典型的飞机控制和响应(对LSO)特性,飞机类别包括不同机型的性能和飞机故障性能,环境变量包括白天/夜间、风、甲板运动和能见度等。此外,还有与航母和操作条件相关的变量。

为了建立全面的逻辑结构,需要对每个工况变量进行标注和分组,得到的变量分类需减少与LSO训练特殊情况的关联,并增强训练大纲的灵活性。表6-2给出变量分类结构。

表 6-2　工况变量分类结构

类别	子类别
飞行员	飞行员特点 进场趋势(飞机控制) 对 LSO 的响应
飞机	性能 故障
环境	白天/夜间 甲板运动 能见度 风 看不见地平线
航母	特定航母 回收辅助系统/装置 LSO 辅助系统 甲板倾斜
操作	回收类型 回收压力因素

由上述分析可知,LSO 的决策和指挥都受飞行员因素的影响,其中飞行员的经验、熟练程度、着舰航迹记录和飞行习惯等因素是事先已知的,而飞行员的着舰动态趋势和飞行员对 LSO 语音命令响应等因素则取决于着舰的实时状态或趋势。

LSO 的表现也受飞机因素的影响。每种机型有不同的性能特征,这些性能特征包括着舰速度、下滑道/对中/迎角控制稳定性、复飞动力响应、姿态灵敏度等。此外,不同机型的视觉特点(例如外部灯光)也不同,而飞机性能特征和视觉特征都受飞机故障的影响。

环境因素也是 LSO 表现的重要影响因素,其中夜间环境、不同海况下的甲板运动、能见度有限和看不见地平线等都会给 LSO 获取着舰信息带来负面影响。此外,在着舰过程中,不理想的环境风会对舰载机的动态性能产生影响。LSO 必须根据不断变化的环境因素进行适当的调整指挥策略。

LSO 的表现还需适应航母环境的影响。一方面,不同航母的结构和 LSO 平台位置是有差别的;另一方面,回收辅助系统和设备(例如菲涅耳透镜和阻拦索)故障、LSO 工作台的控制和显示故障都会影响 LSO 的工作。此外,舰载机的着舰过程还受到航母运动的影响。

在着舰指挥过程中,LSO 的工作速度、复杂度和难度受到操作因素的影响,例如回收类型受短时间内着舰舰载机数目的影响。即将发生的天气问题、飞机燃料不足、缺乏转移区域、缺少空中加油机等因素会促使着舰进程加快,从而增加工作压力。LSO必须能对这些因素进行正确的估计,从而保证安全着舰。

综上所述,重要的工况变量因素包括飞行员的不良响应和着舰趋势、飞机性能特征的差异(特别是发动机响应和姿态灵敏度)、夜间环境和甲板运动。

第7章　飞行员行为模型

本章讨论 LSO 训练系统的飞行员行为模型，给出模型开发和功能设计。

7.1　模型实现的系统环境

LSO 训练系统以满足 LSO 从基础到高技术水平的训练需求为目的。LSO 训练系统包含多种必需的功能特性，包括视景仿真和从 LSO 工作站角度对飞机着舰工况的管理。它能够使 LSO 任务和着舰过程的仿真相互作用。这种概念也包括对教练员工作的自主辅助作用。这些辅助作用包括课程管理、练习选择、实习评估和实习过程的记录。还包括有教练员和无教练员两种操作模式的支持。

应用 LSO 训练系统最主要的目的就是为了在舰载机着舰环境中提升 LSO 的判断跟踪技能。训练的范围逐渐从感知和决策技能扩展到对线索、决定因素和 LSO 适当行为之间相互作用的认识。为了达到这些目的，状态变量仿真和控制不仅需与飞行员、飞机和其他重要因素关联，更需与 LSO 表现的关键因素相关联。

LSO 训练系统包括三种关键技术：自动语音识别技术、虚拟仿真和虚拟控制技术、智能技术。自动语音识别（和理解）技术对 LSO 与飞行员之间的交互仿真十分重要，其中，时间对飞行员模型中的语音识别技术来说尤为重要。为了达到训练效果，需在仿真中准确地复现从语音命令到飞行员响应所需的时间。在舰载机着舰过程仿真中，虚拟仿真和虚拟管理技术对于 LSO 基本线索的有效描述是十分重要的。智能技术对于提高大纲管理训练的有效性和效率，减少教练员工作量和对教练员的依赖性来说，都是十分重要的。

飞行员行为模型是着舰状态仿真和控制，以及 LSO 训练的基础。飞行员建模最重要的方面就是飞行员特征的描述，这种特征对于 LSO 成功完成任务是最重要的。飞行员对 LSO 的命令响应是建模的重要方面，另一种可变因素是 LSO 面临的着舰进场趋势。飞机建模最重要的方面与飞机性能特征和飞机系统故障有关。建模过程也要处理其他因素，而不仅仅包括飞行员和飞机因素。

飞行员行为模型的功能设计为 LSO 训练系统的模型实现提供了软件设计和开发指导。它提供了 LSO 训练系统的全部功能性结构，以及支持模型操作和全部系统接口所需的系统功能，尤其关注与教练员模型的关系，同时也关注软件详细设计和项目管理，例如模块化、设计灵活性、选择设计语言和系统内部的数据管理。

在研发和测试过程中，模型封装和功能设计需要大量人力、训练分析和学科技术的支持。在设计和发展中大量使用专业知识也是十分重要的,它可以用于决策可能出现的情况并提供适当的训练方向。此外,附录 C 给出的事故分析内容,将有助于模型的具体设计和开发。

7.2　飞行员行为模型设计

本节介绍飞行员行为模型的研究成果以及舰载机着舰环境因素的建模信息。在 LSO 训练过程中,这些模型的作用是为实现舰载机着舰情况仿真和控制功能提供指导。图 7－1 给出了各模型结构及其单元。图 7－2 给出了这些模型在 LSO 训练系统环境中的相互关系。

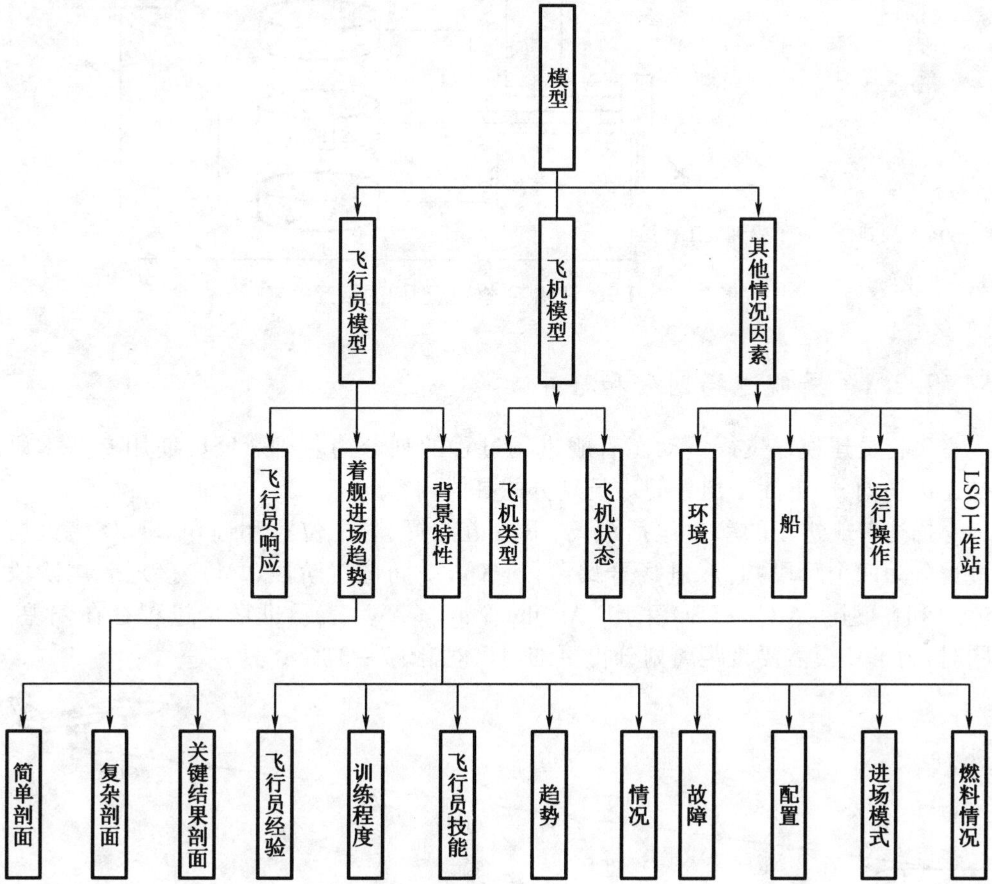

图 7－1　模型和各种组成部分概述

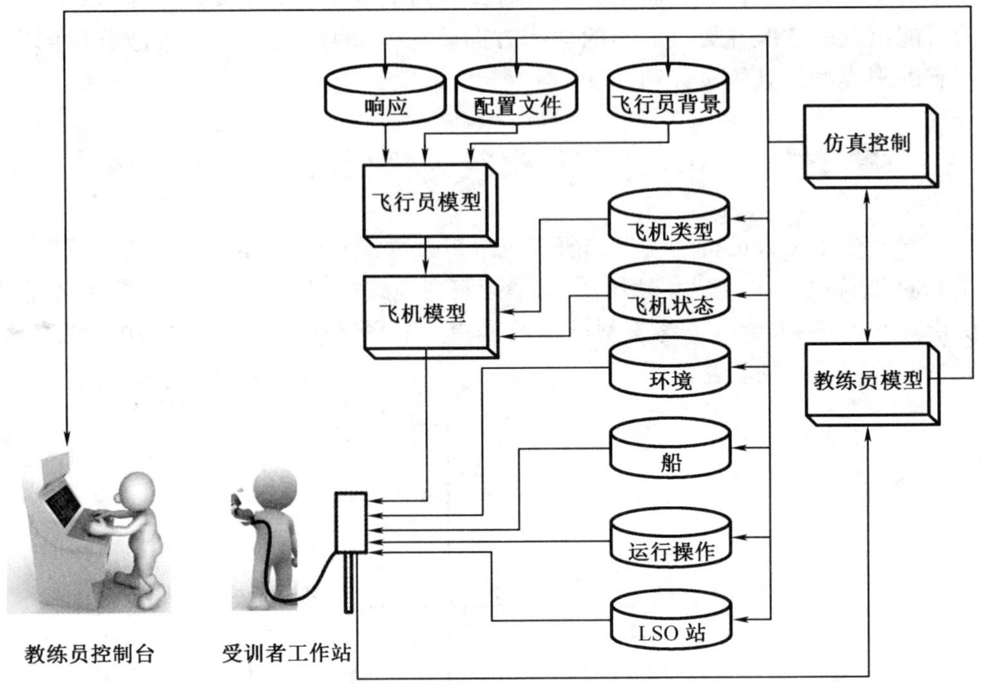

图 7－2　LSO 训练系统中模型间的相互关系

7.2.1　着舰进场划分和符号

飞行员建模以飞行员动态着舰进场过程的划分为基础。LSO 使用专业术语描述进场划分，下面给出着舰进场划分的具体内容。

描述着舰进场的参数包括距离、下滑道位置、对中位置和迎角。LSO 将进场过程分为四个阶段：着舰进场开始阶段(X)、中间位置阶段(IM)、接近舰尾阶段(IC)和在舰尾(AR)。LSO 采用“All the Way”(AW)表示进场全过程存在偏差。同时，为了建模需要将距离划分得更细，具体如图 7－3 所示。

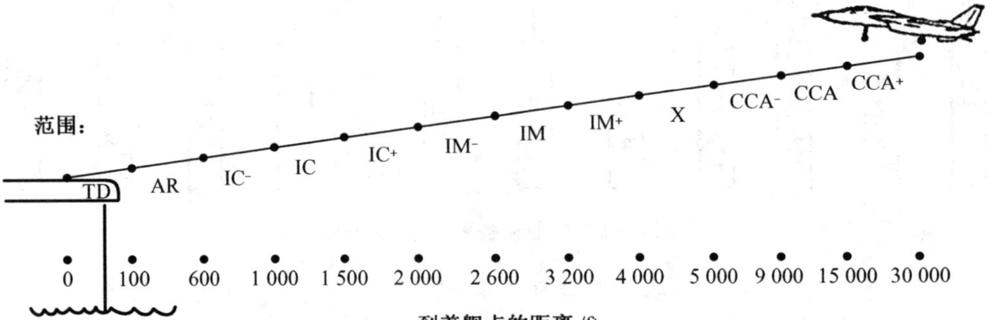

图 7－3　距离划分

为了描述着舰进场过程，LSO 对下滑道、对中位置和迎角（AOA）进行了划分，图 7－4 描述了这三种参数。在参数描述符号中，圆括号表示“稍微”，下画线表示较大偏差。例如：H̲ = 非常高，H = 高，（H）= 稍高。如果还需要更加细致地分类的话，还可以用 +、- 的组合。例如，可将原来分类中的H̲（非常高）细分为三类，即H̲⁺，H̲，H̲⁻。

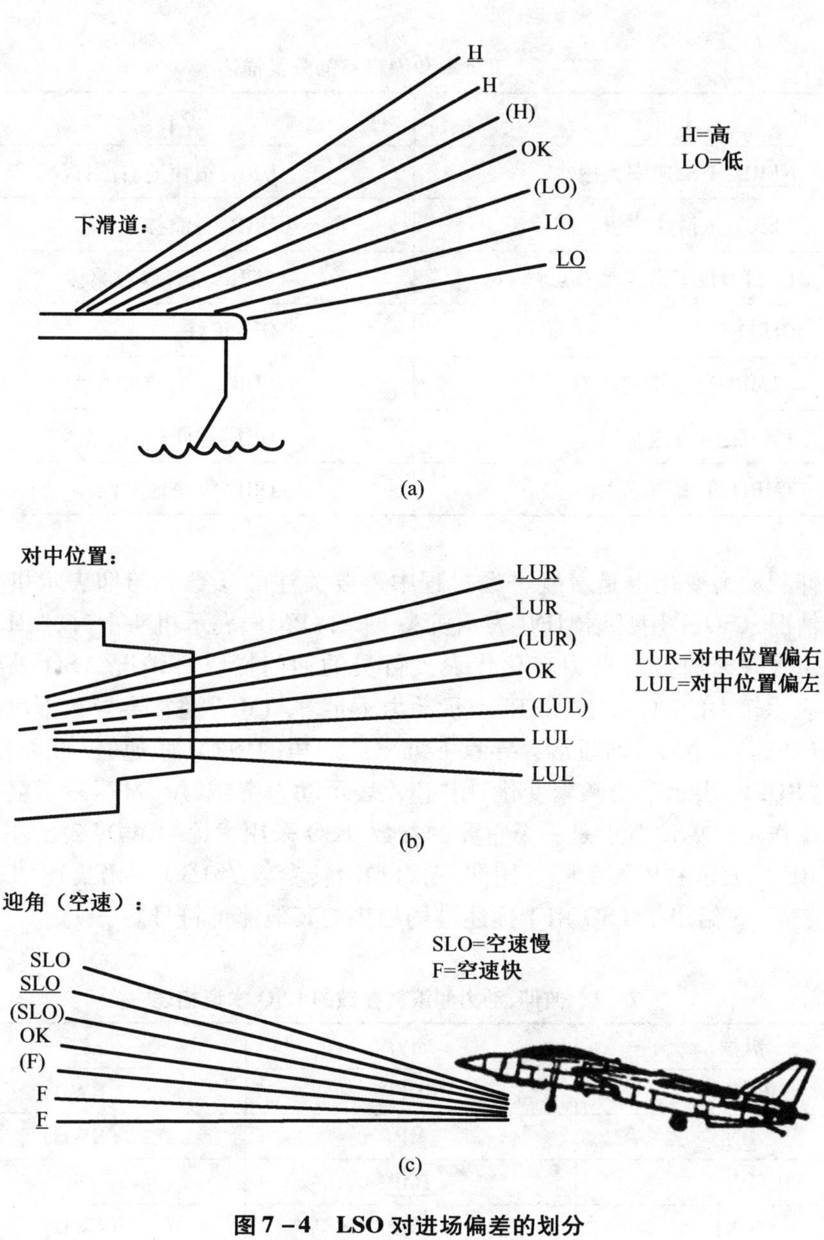

图 7－4　LSO 对进场偏差的划分

（a）下滑道；（b）对中位置；（c）迎角

此外,还需要对一些动态参数进行描述。在这些动态参数中,最重要的是下沉率和漂移率。下沉率是飞机在着舰进场过程中下降的速率。下沉率控制是为了保持下滑道的角度,速率的变化会导致飞机位置偏高(NER:下滑速率慢)或者偏低(TMRD:下滑速率快)。漂移率会改变对中位置,漂移量用前缀 DR 加上漂移方向(R 为右,L 为左)来描述。下沉率和漂移率的分类描述如表 7-1 所示。

表 7-1　下沉率和漂移率的分类描述

下沉率	漂移率
NERD:下滑速率太慢	DRR:很快地右漂移
NERD:下滑速率慢	DRR:右漂移
(NERD):下滑速率有点慢	(DRR):有点右漂移
OK:正好	OK:正好
(TMRD):下滑速率有点快	(DRL):有点左漂移
TMRD:下滑速率快	DRL:左漂移
TMRD:下滑速率太快	DRL:很快地左漂移

俯仰和动力变化也是着舰进场过程中需要关注的参数。俯仰表示机头位置的改变情况,LSO 采用术语“DN”表示机头下降,“PNU”表示机头上升,“RUFN”表示机头位置频繁改变。动力变化代表飞行员的油门操纵杆情况,LSO 采用术语“TMP”表示较大的动力,用“NEP”表示动力不足。“TMP”通常会导致下沉率或迎角减小(加速),“NEP”则通常会导致下沉率或迎角的增加(减速)。此外,LSO 采用术语“RUFP”表示动力频繁变化,用“EG”表示动力突减,用“MP”表示复飞时的满油门操作。机翼位置也是一个重要的参数,LSO 采用术语“LWD”表示左机翼下降,用“RED”表示右机翼下降。俯仰、动力和滚转参数的 LSO 术语描述如表 7-2 所示。表 7-3 给出了 LSO 用于描述进场趋势的其他速记符号。

表 7-2　俯仰、动力和滚转参数的 LSO 术语描述

纵摇	动力	横摇
RUFN	RUFP	RWD
DN	MP	(RWD)
DN	TMP	OK
(DN)	TMP	(LWD)

表 7-2(续)

纵摇	动力	横摇
OK	(TMP)	LWD
(PNU)	OK	
PNU	(NEP)	
PNU	NEP	
	NEP	
	EQ	

表 7-3　LSO 用于描述着舰进场趋势的其他速记符号

CD	降落(CDAR：在舰尾降落)
S	下沉(SIC：接近舰尾阶段下沉)
.	在(S.X：在开始阶段下沉)
OC	过度控制(OCHIC：接近舰尾阶段过高的控制)
C	上升(CIC：接近舰尾阶段上升)
	逃逸
OK	位置和动态参数理想的阶段
GS	下滑道
LU	对中位置
TL	着舰(DNTL:机头向下着舰)
AFU	甲板拥堵
DEC	减速
ACC	加速
LIU	较晚的对中
CU	竖起
B	平坦的下滑道

本书的趋势描述中引用了这些进场划分和符号。此外,这些划分和符号同样可应用于人机交互界面(显示和输入)。

7.2.2 飞行员模型

飞行员模型由三要素组成：一是飞行员对 LSO 命令和信号的响应，二是 LSO 无法影响的飞机进场趋势，三是飞行员背景特征和趋势。

1. 飞行员响应

从 LSO 训练角度来说，LSO 的有效操作必须以学会处理飞行员响应特性为前提。从既安全又快速回收的角度来说，飞行员响应特性对成功完成着舰十分关键。不理想的飞行员响应特性如下：

①对 LSO 命令/信号没有响应；

②过/或欠控制响应；

③“错误方式”响应；

④响应过慢。

在进场中，何时获取或能否实时辨识上述特性是影响 LSO 命令/信号和回收策略决策的主要因素。但是，飞行员行为建模的目的是让 LSO 受训者学会飞机控制策略（指挥进场）。飞行员行为模型中的飞行员响应必须能够实时、真实地模拟出 LSO/飞行员的交互关系。此外，根据大纲管理策略，这些特性在教练员模型中必须是可选的。

飞行员响应特性受多种因素的影响，其中一个影响因素是飞行员能否在响应之前评估出 LSO 命令/信号的“正确性”。一种情况是飞行员信任 LSO 并不考虑信号和命令是否正确就响应，另一种情况是“精明”的飞行员对 LSO 命令隐含的偏差进行评估，对偏差进行响应时优先考虑实际偏差。因此，飞行员响应的另外一个影响因素是 LSO 命令与实际偏差的关系。下面给出可能影响“精明”飞行员响应选择的因素：

①没有偏差存在；

②偏差与 LSO 的命令一致；

③偏差与 LSO 的命令相反（高对低，左对右）；

④偏差可能和 LSO 命令不相关（当下滑道出现偏差时，LSO 却给出对中位置偏差的信号）。

在没有偏差或命令不相关的情况下，“精明”的飞行员不大可能做出响应。而对于与正确命令偏差方向相反的 LSO 命令或正确的 LSO 命令，“精明”的飞行员可能会立即响应。

影响飞行员响应的第三个因素是飞行员响应的品质，它包含两个方面：准确性和实时性。准确性包括以下几种情况：

①准确响应；

②过响应；

③欠响应；

④错误方向的响应。

良好的响应既能修正存在的偏差(假如命令有效),又能正确地响应命令。过响应是指飞行员对命令或偏差正确地做出响应,但是响应过大(例如下达“飞机位置低”命令,响应后飞机从低偏差变成高偏差)。欠响应是指飞行员对偏差做出正确的响应,但是对命令或偏差响应不充分(例如,命令“飞机的位置低了”,响应后飞机从低偏差变成稍低的偏差)。错误方向响应是指飞行员的响应与命令或偏差方向相反(例如,命令“飞机的位置低了”,但是响应后飞机更低了)。而实时性是指飞行员响应命令的快慢(快或慢)情况。

在飞行员响应建模中还需考虑飞行员特性、进场高度偏差、对中偏差和迎角的变化。飞行员可能对下滑道偏差以及其相关的命令积极响应,但是对对中位置偏差方面无响应。

飞行员响应建模也受手动光学助降系统(MOVALS)使用情况的影响。在进场过程中,LSO如果不使用MOVALS就会使用语音命令和灯光信号(切断或复飞灯光信号)。若使用MOVLAS,LSO通过用菲涅耳透镜给出下滑道位置信息。此外,使用MOVLAS时,LSO也可使用语音命令和灯光信号。

根据以上分析需要设计出两种飞行员响应逻辑模型,第一种是基于LSO指挥(语音命令/灯光信号)的模型,另一种是使用MOVALS的模型。飞行员对离散LSO指挥的响应逻辑见图7-5,对这种逻辑情况来说,可通过大纲的决策功能和对仿真控制给出如下四种预定义:

①飞行员响应——是,否;

②飞行员对偏差响应——是(“精明”的飞行员),否(响应LSO命令);

③响应要求的品质——准确,方式错误,欠,过度;

④响应速度——快速,缓慢。

表7-4和表7-5分别给出了“精明”的飞行员对偏差的响应逻辑和“信任LSO”的飞行员对命令/信号的响应逻辑。

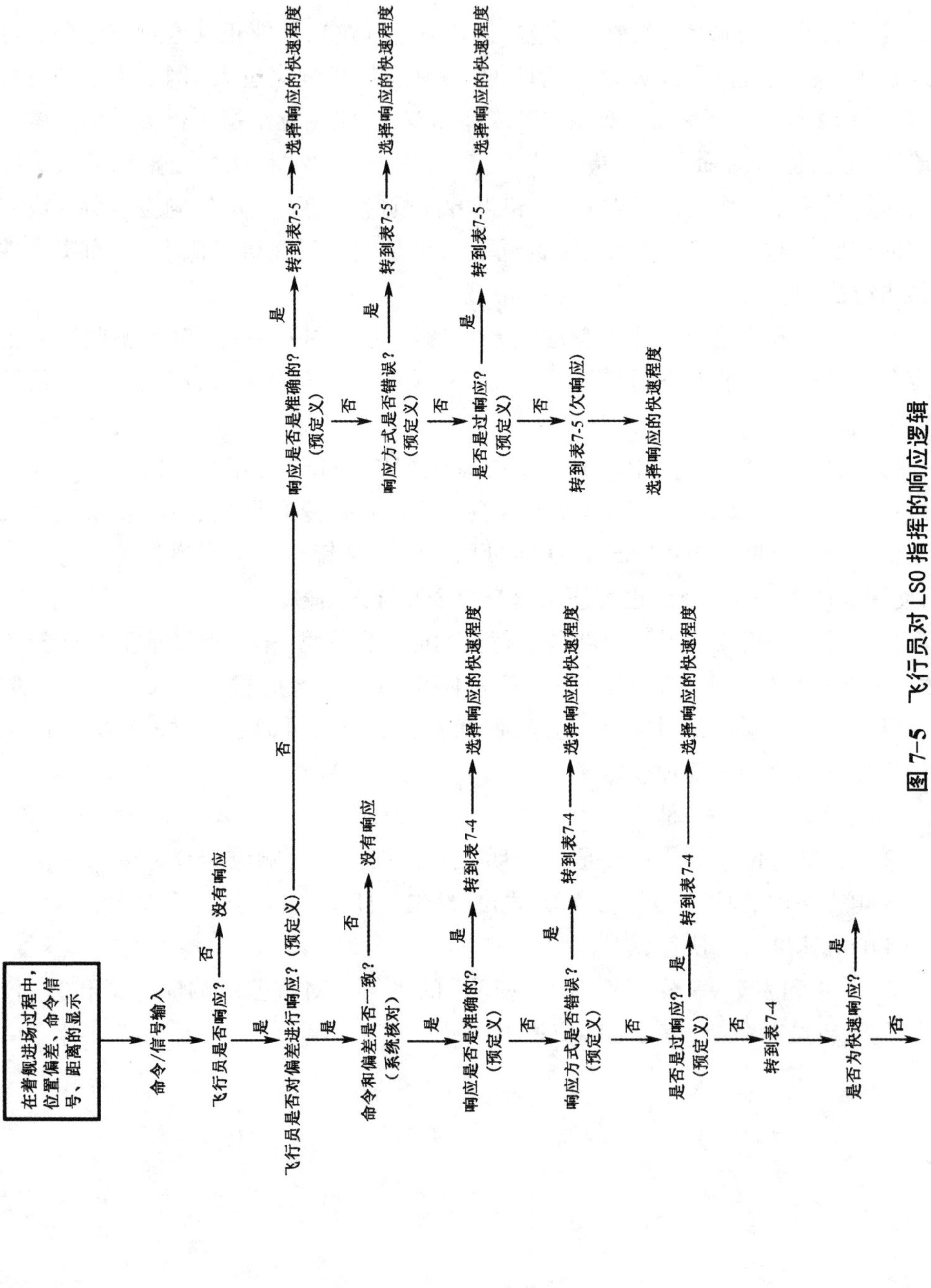

图 7-5　飞行员对 LSO 指挥的响应逻辑
（飞行员对 LSO 语音命令和离散灯光信号的响应逻辑）

表7-4　“精明”的飞行员对偏差的响应

偏差	响应(G=好,W=错误方式,O=过,U=欠)
低	G=正确修正偏差 W=偏差更低 O=出现高偏差 U=只修正了一半的偏差
高	G=正确修正偏差 W=偏差更高 O=出现低偏差 U=只修正了一半的偏差
左	G=正确修正偏差 W=左偏差更大了 O=出现右偏差了 U=只修正了一半的偏差
右	G=正确修正偏差 W=右偏差更大了 O=出现左偏差了 U=只修正了一半的偏差
快	G=正确修正偏差 W=加速 O=出现过慢偏差 U=只修正了一半的偏差
慢	G=正确修正偏差 W=减速 O=出现过快偏差 U=只修正了一半的偏差

[**注意**] 保持其他着舰进场参数和配置文件里的标准一致。

表 7-5 “信任 LSO”的飞行员对 LSO 命令/离散灯光信号的响应逻辑

命令/信号	响应（G = 好，W = 错误方式，O = 过，U = 欠）
（有点）高	G = 下降（2）下滑道增加 W = 上升（2）下滑道增加 O = 下降（4）下滑道增加 U = 下降（1）下滑道增加
（有点）低	G = 上升（2）下滑道增加 W = 下降（2）下滑道增加 O = 上升（4）下滑道增加 U = 上升（1）下滑道增加
对中偏左	G = 向右（2）对中位置增加 W = 向左（2）对中位置增加 O = 向右（4）对中位置增加 U = 向右（1）对中位置增加
对中偏右	G = 向左（2）对中位置增加 W = 向右（2）对中位置增加 O = 向左（4）对中位置增加 U = 向左（1）对中位置增加
太高	G = 增加下沉率（2）增加 W = 降低下沉率（2）增加 O = 增加下沉率（4）增加 U = 增加下沉率（1）增加
太低	G = 降低下沉率（2）增加 W = 增加下沉率（2）增加 O = 降低下沉率（4）增加 U = 降低下沉率（1）增加
快	G = 减速（2）迎角增加 W = 加速（2）迎角增加 O = 减速（4）迎角增加 U = 减速（1）迎角增加
慢	G = 加速（2）迎角增加 W = 减速（2）迎角增加 O = 加速（4）迎角增加 U = 加速（1）迎角增加

表7－5(续)

命令/信号	响应（G＝好，W＝错误方式，O＝过，U＝欠）
(加大)动力； 切断灯光	G＝增加动力，降低下沉率(2)增加 W＝降低动力，增加下沉率(2)增加 O＝增加动力，降低下沉率(4)增加 U＝增加动力，降低下沉率(1)增加
(加大)姿态	G＝增加动力，增大俯仰角(2)增加 降低下沉率(2)增加 W＝降低动力，减小俯仰角(2)增加 增加下沉率(2)增加 O＝增加动力，增加俯仰角(4)增加 降低下沉率(4)增加 U＝增加动力，增加俯仰角(1)增加 降低下沉率(1)增加
复飞； 复飞灯光	G＝增加满油门，增加俯仰角(2)增加 降低下沉率(2)增加 W＝降低动力，降低俯仰角(2)增加 增加下沉率(2)增加 O＝增加满油门，增加俯仰角(4)参量 降低下沉率(4)增加 U＝增加满油门，增加俯仰角(1)参量 降低下沉率(1)增加

[**注意**] 保持其他着舰进场过程参数与配置文件中一致。

图7－6根据位置、命令/信号和距离因素划分给出了飞行员对MOVLAS响应的逻辑流程。逻辑以飞行员是否会响应开始。如果飞行员响应，问题就变为他是否响应偏差(“精明”的飞行员)或命令(“信任LSO”的飞行员)。对“精明”的飞行员来说，问题是确定语音命令与进场位置(下滑道位置/对中位置/迎角)偏差是否一致。若命令与偏差不一致，则飞行员响应命令；若命令与偏差一致，飞行员响应命令，此时需进一步判断响应的品质。命令响应包括“方式错误”“过响应”和“欠响应”。响应类型与偏差类型将在表7－4中作为响应选择的输入。“精明”飞行员逻辑的最后一步是选择是否快速响应。

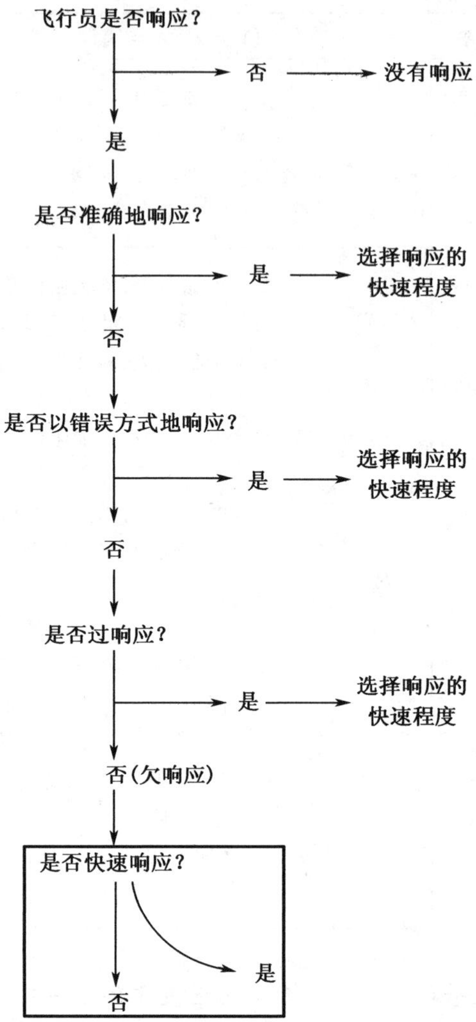

图 7－6　飞行员对 MOVLAS 信号的响应逻辑

[注意]

GOOD＝按照 MOVLAS 定位出的数值来改变位置；

WRONG＝由错误方向的数值改变位置；

OVER ＝按照 MOVLAS 定位出的数值过多地改变位置；

UNDER＝按照 MOVLAS 定位出的数值过少地改变位置。

“信任 LSO”飞行员的响应品质决策与“精明”飞行员的情况相同，该决策结合语音命令或信号在表 7－5 中选择出适合的响应。逻辑流程最后决定响应速度的快或慢。表 7－5 中圆括号里的数字表示各响应之间的区别。

表7-4和7-5中的一些响应(例如,下降、出现过高偏差等)后期还需要细化。因为开发测试可能确定更具体的响应特性。

飞行员对MOVALS信号的响应逻辑和"信任LSO"的飞行员响应逻辑基本相同,不同的是MOVALS的信号只与进场过程中下滑道偏差有关。此外,MOVALS引导着舰可能包括语音命令和离散的灯光信号。因此,在使用MOVALS时,语音命令和离散灯光的响应逻辑也是可应用的。当MOVALS的指示和离散灯光信号不同时,飞行员可能更倾向于响应离散信号。在这种情况下,离散灯光信号和"信任LSO"的飞行员响应逻辑将优先于MOVALS响应逻辑。

图7-6给出了飞行员对MOVLAS信号响应的逻辑。该过程将最终影响下滑道响应的品质和速度。这些响应与LSO控制MOVLAS的位置有关。由于飞行员对MOVLAS信号的响应涉及人为追踪,如果模型中MOVLAS的响应特性具有随机性就可以增加模型的实用性。

2. 着舰进场趋势

在缺少LSO干预的着舰进场过程中,着舰进场趋势代表飞行员在飞机控制上的行为。在LSO训练系统中,着舰进场趋势用于帮助受训者理解偏差和偏差与命令的关系。这些趋势既可以根据趋势预测未来的偏差,以此来提高受训者的认知能力,也可以帮助受训者学会指挥纵向偏差处于临界状态的进场过程,这些过程经常会导致不理想的着舰结果。进场趋势分为三类,如表7-6所示。

表7-6 着舰进场趋势分类

简单趋势	复杂趋势	关键结果趋势
下滑道偏差	飞行员趋势	硬着舰/舰尾碰撞
对中位置偏差	其他复杂趋势	偏心挂索
迎角偏差		逃逸
多重偏差		空中挂索

简单趋势是指具有简单进场偏差的情况,它们对于教授受训者识别偏差和使用与偏差有关的语音命令和灯光信号十分有用。表7-7是简单趋势的描述,表中列出了多重偏差,但是不包括所有可能的偏差组合。对于所有的简单趋势,使用前文中的偏差划分时需进行适当的修改。例如,趋势HIC适当的变化包括HIC和(H)IC。

表 7－7 简单趋势

种类	趋势			
下滑道位置偏差	HX LOX HIM LOIM	HIC LOIC HAR LOAR	HAW LOAW	
对中位置偏差	LULX LURX LULIM LURIM	LULIC LURIC LULAR LURAR	LULAW LURAW	
迎角偏差	FX SLOX FIM SLOIM	FIC SLOIC FAR SLOAR	FAW SLOAW	
多重偏差	HFX LOSLOX HLULX LOLULRX SLOLULX FULRX	LOSLOIM LOLULIM HLURIM HFIM LOLURIM SLOLULIM	LOSLOIC LOLULIC LOLURIC HLULIC HFIC HLORIC	HFAR LOSLOAR LOLULAR LOLURAR HLURAR HLULAR

复杂趋势有助于受训者了解进场趋势和飞行员趋势，帮助他们学会根据趋势预测未来偏差。第一组复杂趋势与飞行员的个人倾向相关。在 LSO 训练系统中，将飞行员倾向趋势与飞行员“标签”联系在一起是非常实用的策略。飞行员“标签”的例子和相关趋势如下所示：

①“Deck Spotter”：接近舰尾阶段或在舰尾，降低机头和/或动力突减的趋势。常见的结果是引起过大的下沉率和较小钩尾距从而导致提前挂索，例如（HIC）DN/EG IC--AR。

②“Moth”：在接近舰尾阶段或在舰尾处具有向左漂移的趋势（“向透镜光线处飞行”），例如 DRL IC--AR。

③“Ramp Shy”：在舰尾处偏差变大的趋势，常见的结果是逃逸，例如 OCOKIC TMPAR。

④“Death Wish”或者“No Fear of Death”和“Deck”趋势相似，舰载机以低于下滑道的偏差接近舰尾时飞行员降低机头和/或突减动力是一种极限情况，即使在这种情况下上述趋势也是相似的，例如 LOIC DN/EG。

⑤“4 Degree Glideslope”：在舰尾下沉率过大时，开始高于下滑道的偏差逐渐减小最后变为低或者稍低偏差的趋势，例如 HX—IM（HIC） CDAR。

⑥“Low Flat All the Way”：开始阶段具有低偏差和纠正偏差过慢的趋势，常见

的结果是逃逸,或者 LOAR,例如 LOIM LOIC(LOAR)。

⑦"Tunnel Vision":处理一种偏差而忽略其他偏差。例如,飞行员专注于对中偏差而忽略了下滑道偏差,结果导致飞机位置偏低,例如 LULX—IM TMRDIC LOAR。

表 7 - 8 中给出了飞行员倾向趋势和其他复杂趋势,表格中列出的内容并不全面,但可作为进一步扩展的基础。

表 7 - 8　复杂的趋势

	飞行员"标签"	趋势
飞行员倾向	Deck Spotter	(HIC) DN/EG IC - AR (CIC) DN/EG TL HAR DN/EGTL
	Moth	DRLIC - AR
	Ramp Shy	OC OK IC TMPAR
	Death Wish	LOIC DN/EG
	4 Degree Glideslope	HX - IM (HIC)CDAR
	Low Flat All the Way	LOIM LOIC (LOAR)
	Tunnel Vision	LOX - IM DRLIC LULAR LULX - IM TMRDIC LOAR
	Cowboy	HX LOIM HIC LOAR LOX HIM LOIC HAR
	Wanderer	LULX LURIM LULIC DRRAR
	Low Nibbler	LOX (LOIM) LOIC (LOAR)
	Nugget	OC (HIM) CDIC OC (LOIM) HIC OC (SLOIM) HFIC
	Accelerator	(FX) FIM FIC - AR
	Nosey	RUFN RUFGS AW
	Black Hole	S·X LOIM
	Slow Nibbler	SLOX (SLOIM) SLOIC (SLOAR)
	Tail Dragger	(HIC) NEP PNU CUAR
	Swooper	HLUL IM DN/DRRIC - AR
	High Dipper	HIC DNIC PNUAR
	Nervous	RUFP RUFGS AW
	Old Pro	(HAW) (DN/EGAR)
	Snaky Statter	HX AFUAW LOX AFUAW

表 7－8(续)

	趋势
其他复杂趋势	OCHFX LOIM HIC
	OCLOSLOX HIM CDIC
	LURIM SIC·LLU
	OCLULIM L—RIC
	DECIM LOSL OLULIC
	TMPIM HFIC DRLAR
	OCFIM SIC LOBAR

关键结果趋势可由不理想着舰结果的总结获得。关键结果趋势可根据着舰结果分类,分类如表 7－9 所示。

表 7－9　关键结果趋势分类

舰尾碰撞/硬着舰	偏心挂索	逃逸	空中挂锁
LOX HI—IC CDAR	LURX/IM R—LAW	OCLOIC/SIC	OCCDAR PNU
HI—IC CDAR	LULX/IM L—RAW	TMP on LLUIC	LOBIC PNUAR
OC CIC/HIC CDAR	OCLULIC L—LAR		
NEPAW SAR	OCLURIC R—LAR		
SAR on LLU	DRRIC/AR		
EG/DN Correcting for LOIC	DRLIC/AR		

舰尾撞击/硬着舰趋势在着舰结果趋势中最重要。在实际操作中它们比其他趋势发生的可能性更高。舰尾撞击/硬着舰趋势的末端部分都是相似的,即包括低于理想下滑道的重要偏差("下降")。然而,导致这种"下降"的原因却有多种。最常见的原因是在接近舰尾阶段产生了一个高于下滑道的偏差。由于进行了下沉率再修正,当飞行员针对这个偏差做出过度的俯仰和/或动力修正时,或当飞行员操作失败或过慢时,均有可能导致"下降"趋势。由于进场过程早期(在接近舰尾阶段之前)的典型偏差也可能导致这种趋势,最常见的是在进场中部出现低于下滑道的偏差。

偏心挂索趋势也是相当危险的。较大的偏心着舰会导致飞机向航母的左舷偏移(有或者没有钩挂拦阻索)或者停在了着舰区域的外面。大偏心着舰同样导致阻拦装置检查时间的增加,更严重的是损坏阻拦装置。庆幸的是,大偏心着舰发生的概率很小。

从回收快速性角度来说,逃逸趋势对于 LSO 的指挥表现很重要。这个结论十分适用于迫切要求回收的情况(例如,在一个燃料量很低,没有加油机,没有转移区域的情况)。在没有足够的剩余着舰区域供飞机旋转和升空时,过长的逃逸是很危险的。最典型的逃逸趋势是在进场的最后阶段,飞行员对低下滑道偏差的过度控制。

空中挂索趋势导致的结果与LSO没有关系。然而,这里提及这种趋势的原因是它会导致飞机的着舰事故,此外它还与LSO评估飞行员表现和指挥飞行员着舰训练(包括飞行员听取船上汇报)的责任有关。在起落架释放故障(典型的情况是前起落架着舰装置失效)的情况下,空中挂索最糟糕的结果是损坏飞机。空中挂索常常发生的情况有:飞行员在舰尾位置过度地控制下沉率导致过度地增加俯仰,飞行员采用较差的复飞技术响应LSO的命令(例如,“动力”或者“姿态”)或复飞命令。

为了有效地实现简单、复杂和关键结果趋势描述,需要增加一些偏差描述的可变性。例如,LOX,CIM/HIM,CDIC-AR趋势含义如下:

①在开始阶段的低偏差(LOX);

②在中间阶段的高偏差(CIM/HIM);

③在接近舰尾阶段或在舰尾位置下降(CDIC-AR)。

典型进场中间阶段的范围为距离着舰点2 000~4 000英尺。在不同情况中该阶段的高偏差应具有较大的变化范围,其他偏差也是如此,这些变化增强了进场过程的真实性,并给相似任务提供了大量的例子,可以促进LSO受训者对训练内容的理解。

“强制”进场是指趋势中存在大量的特殊变化。然而,更高效的进场建模应该在概述中对趋势进行特别的说明,并且能够在一定范围内任意地修改偏差。

例如LOIM HIC趋势,飞机在着舰中间阶段大幅度低于理想下滑道,随后又在接近舰尾阶段大幅度高于理想下滑道。对LSO训练系统来说,需要知道偏差发生的实际距离和变化程度,根据前面描述的进场划分,可以得到距离范围和偏差的变化情况,如表7-10所示。

表7-10 距离范围和偏差的变化情况

距离	低于下滑道	高于下滑道
IM = IM+	(LO) = (LO)+	(H) = (H)−
IM	(LO)	(H)
I^-	(LO)−	(H)+
IC = IC+	LO = LO+	H = H−
IC	LO	H
IC^-	LO−	H+
	$\underline{\text{LO}}$+ = $\underline{\text{LO}}$+	$\underline{\text{H}}$ = $\underline{\text{H}}$−
	$\underline{\text{LO}}$	$\underline{\text{H}}$
	$\underline{\text{LO}}$−	$\underline{\text{H}}$+

如果需要，可以在建模过程中应用下滑道变化的限制标识符号，如下所示：

LO = $\underline{\text{LO}}$ +　或　LO −　或　LO　或　LO +

H = $\underline{\text{H}}$　或　H +　或　H　或　H −

考虑到这些约束，LOIM HIC 趋势中的变化如下：

LO　IM, H　IC

$\underline{\text{LO}}$ +　IM, H −　IC +

LO　IM +, H +　IC

LO −　IM, H　IC +

LO　IM, $\underline{\text{H}}$ −　IC −

LO +　IM +, H　IC −

趋势建模过程采用范围划分和预设因素分布来表示预期的趋势变化，这种分布可以是对称或者不对称的。这些分布的 LSO 术语描述如表 7 – 11 所示。

表 7 – 11　因素分布的 LSO 术语描述

对称	不对称
(LO) − =.05	(LO) − =.05
LO + =.1	LO + =.05
LO =.7	LO =.6
LO − =.1	LO − =.2
$\underline{\text{LO}}$ + =.05	$\underline{\text{LO}}$ + =.1

不对称分布可能是基于真实的趋势得到，也可能是为了满足特殊的训练需求构造的。

这种趋势描述方式还需给出下沉率。例如，LOIM HIC 代表飞机从高于下滑道变化到低于下滑道，但是没有说明下沉率。下沉率表征的方法包括两种：一种是在趋势的描述中说明它，另一种为预定义每种偏差类型的下沉率变化分布。在大部分趋势的描述中采用第一种方法。速率分布可以用函数来描述。表 7 – 12 用偏差和距离函数描述了下沉率和漂移率的分布，若需要细化下沉率的划分，可以像前面那样利用“ + ”和“ − ”符号表示更详细的划分。

表 7 – 12　下沉率和漂移率分布情况(按照距离分布)

偏差	速率	开始 X	中间 IM	接近舰尾 IC	舰尾 AR
LO (低)	(TERD)	0.2	0.2	0.1	0.1
	TERD	0.6	0.6	0.6	0.6
	$\underline{\text{TERD}}$	0.2	0.2	0.3	0.3

表 7－12(续)

偏差	速率	开始 X	中间 IM	接近舰尾 IC	舰尾 AR
H (高)	(NERD) NERD NERD	0.2 0.6 0.2	0.2 0.6 0.2	0.1 0.6 0.3	0.1 0.6 0.3
LUL/R－L	(DRL) DRL DRL	0.2 0.6 0.2	0.2 0.6 0.2	0.1 0.6 0.3	0.4 0.6 0.3
LUL/L－R	(DRR) DRR DRR	0.2 0.6 0.2	0.2 0.6 0.2	0.1 0.6 0.3	0.4 0.6 0.3
S/CD	(TMRD) TMRD TMRD	— 0.6 0.4	— 0.6 0.4	— 0.4 0.6	— 0.4 0.6
C/↷	(NERD) NERD NERD	— 0.6 0.4	— 0.6 0.4	— 0.4 0.6	— 0.4 0.6
OCH,OCC	(TMRD) TMRD TMRD	0.1 0.6 0.4	0.1 0.6 0.4	— 0.4 0.6	— 0.4 0.6
OCLO, OCCD, OCS	(NERD) NERD NERD	0.1 0.6 0.3	0.1 0.6 0.3	— 0.5 0.5	— 0.5 0.5

3. 飞行员背景特征和趋势

飞行员的背景特征包括经验、熟练程度、技术等级(过去的表现)、个人习惯和身体情况,这些都是 LSO 表现的影响因素。受训者必须了解飞行员因素对 LSO 指挥决策的影响。此外,在面对技术水平高、经验丰富的飞行员时,受训者也不能降低指挥水平,因为即使是最好的飞行员也有可能在进场过程中犯严重错误。

LSO 训练系统需要在进场或回收之前使受训者了解这些特征。根据训练目标,许多训练情景都与提供给受训者的飞行员响应特性和进场趋势有关。与飞行员背景特征相关的变量和取值如表 7－13 所示。

表 7 – 13　与飞行员背景特征相关的变量和取值

变量	参量值
经验	高 低
熟练程度	高 低
技术等级	高 中 低
个人倾向	没有 多种（与复杂趋势相关）
身体情况	正常 疲惫 迷失方向

飞行员的经验和熟练程度是舰载机着舰事故的影响因素。经验或技术不足的飞行员比经验丰富的飞行员更容易导致舰载机着舰事故。经验丰富和技术熟练的飞行员表现为飞行控制平滑、进场偏差少、正确纠正偏差以及积极响应 LSO 指挥等。相反地，经验和技术不足的飞行员表现为飞行控制粗糙、不平稳、进场偏差大、对偏差和 LSO 指挥的响应迟钝或过响应等。

可以利用飞行员的飞行记录对飞行员进行等级划分。高技术等级飞行员即前文叙述的经验丰富和技术熟练的飞行员，低技术等级飞行员即前文叙述的经验或技术不足的飞行员。此外，不合格飞行员的飞行趋势常常与低技术等级相关，这些趋势在飞行员之间的差别很大。

飞行员的身体状况是影响 LSO 表现的另一个重要因素。在进场过程中，疲劳或迷失方向的飞行员需要得到 LSO 更多的帮助。疲劳的飞行员表现为对进场偏差和 LSO 命令响应迟钝；迷失方向的飞行员表现在对偏差和 LSO 命令响应不定，可能还会表现出不响应 LSO 或试图在错误方向上做出修正。

7.2.3　飞机模型

飞机建模和情景管理都与进场过程相关。不同机型具有不同的特性，这些特性都是故障、配置和进场模式的函数。此外，飞机燃料状况也是飞机特性的影响因素。飞机模型可分为两部分：飞机类型（特性）和飞机自身情况（故障、配置、进场模式和燃料情况）。

1. 飞机类型

LSO 关心的飞机特性包括视觉、声音和飞行表现特性。每种类型的飞机都有自身独特的特性，因此 LSO 训练系统针对每种类型的飞机都建立了一套模型。LSO 训练系涉及的飞机类型包括：A－3 系列（EA－3B，KA－3B）、A－4 系列（TA－4J，A－4M）、A－6 系列（EA－6A，KA－6D）、A－7 系列（A－7B，TA－7C，A－7E）、C－1A 系列、C－2A 系列、E－2 系列（E－2B，E－2C）、EA－6B 系列、F－4 系列（RF－4B，F－4J，F－4N，F－4S）、F－14A 型舰载机、F/A－18 型舰载机、RF－8G 型舰载机、T－2C 型舰载机、S－3A 型舰载机、VTX 型舰载机。

除了 F/A－18 型舰载机和 VTX 型舰载机之外，上述所有机型当时都在服役。由于 RF－8G 型舰载机、A－7B 型舰载机、F－4N 型舰载机和 F－4J 型舰载机即将退役，因此 LSO 训练系统不考虑它们。LSO 训练系统的关键机型为 A－6E 型舰载机、E－2C 型舰载机、F－4S 型舰载机、F/A－18 型舰载机、A－7E 型舰载机、EA－6B 型舰载机、F－14A 型舰载机和 S－3A 型舰载机，这些机型是 20 世纪八九十年代美国航母空中部队的主力，这些机型的组合为 LSO 训练系统提供了足够的飞行特性。此外，VTX 型舰载机能否加入该组合取决于美国海军空中训练中心是否认为 LSO 训练需要它。

视觉特征在 LSO 训练中非常重要。在白天回收的情况下，形状、大小、远景和发动机排出的烟雾都是重要的视觉信息。在黑天回收的情况下，外部灯光是重要的视觉信息，因为夜晚进场依靠航母甲板白色的灯光、形状、大小和远景。对于有些机型，进场过程中发动机的声音对 LSO 也是一个有用的线索。

飞行性能特征随飞机类型的变化主要表现在飞机进场动态（对中位置、下滑道、迎角）控制响应性能上。位置对中由相对于着舰中心的漂移速率控制来实现，而漂移受飞机航向、横滚、偏航、风和船体运动的影响。下滑道的位置通过下沉率控制来实现，它与从理想着舰点引出的下滑道投影有关。下沉率控制受飞机俯仰、推力动力以及风和船体运动的影响。迎角是飞机相对于飞行航迹（相对于风速）的俯仰角度，它由俯仰和推力动力协同控制。

从 LSO 训练的角度来看，LSO 重点关心的飞机飞行特性如下：

①复飞性能；

②与飞机俯仰变化有关的加速/减速（迎角）灵敏度；

③与动力设置变化有关的加速/减速（迎角）灵敏度；

④与动力设置变化有关的下沉率灵敏度；

⑤与俯仰变化有关的下沉率灵敏度；

⑥与飞机横滚角变化（对中位置修正）有关的下沉率灵敏度；

⑦与对中控制输入（横滚、偏航、机头改变）有关的漂移率灵敏度；

⑧理想进场速度范围。

在全加力和理想迎角条件下飞机控制下沉率的能力是 LSO 在进行复飞决策时必须了解的重要飞行性能。LSO 必须综合考虑着舰点的距离、下滑道位置和其他因素（风、甲板位置、飞行员技能等）进行复飞决策。

例如，F－4 型舰载机和 A－6 型舰载机采用增加动力来阻止下沉率增加时

(在复飞情况)具有非常好的响应特性(灵敏度)。F－4 型舰载机采用减小动力实现下沉率控制时灵敏度较高(由于采用 BLC 系统)。A－7 型舰载机、F－14 型舰载机和 S－3 型舰载机的下沉率对推力增加控制的灵敏度较低(由于较慢的发动机时间),尤其是在动力较小时(如修正高下滑道偏差时)。

表 7－14 给出了 LSO 需要了解的各机型飞机特性和故障。

表 7－14　LSO 需要了解的各机型特性和故障

A－3	良好的动力响应 向左对中校正时,机头经常向下 不对称油门控制将导致偶然性的偏航 翼展大而长,对中控制有点儿困难 动力增加时,机头有上仰的倾向;动力减小时,机头有下降的倾向 机头向下着舰时,飞机会产生颠簸 EA－3B 比 KA－3B 速度快,对机头俯仰运动更敏感 KA－3B 减速性能超过 EA－3B 单发动机能够提供足够的动力响应
A－4	极好的对中控制性能 良好的动力响应 机头向下着舰及机翼倾斜(尾钩摆动)时,尾钩可能跳跃导致逃逸 良好的速度稳定性 实际的液压故障——没有襟翼,没有减速板 复飞时,机头有上仰的倾向 当机头竖起时,飞行员很难看到着舰区域
A－6	极好的动力和复飞响应,但容易过度控制 对中校正的后期,飞机趋于下沉 机头向下着舰时,尾钩可能跳跃导致逃逸 飞行员视野不足使得对中控制困难 时常出现机翼倾转,但并不总是与对中偏差相关 如果收起减速板,则下滑道进场需重新恢复动力 KA－6D(加油机)功率有点不足 EA－6A 型舰载机没有减速板,因此比 A－6E 更依赖动力补偿 仅在大毛重、大风、高温环境、减速板的情况下,采用单发动机才会产生问题 如果单发动机出现故障,迎角指示灯是唯一可见的外部灯光 如果出现液压故障,襟翼也能渐渐向上

表 7－14(续)

A－7	重新恢复动力时,发动机响应缓慢 进场过程中,机头经常上下运动 迎角系统和迎角指示灯经常发生故障 失去增稳控制会导致控制困难 失去偏航增稳会导致偏航不稳定 无襟翼进场时能更快、更好地重新恢复动力 较差的排雨系统
C－1	极快的动力响应 “切断”信号表示“快下降”着舰 采用单发动机时速度更快,飞机到达着舰点前不需要平飞
E－2	极好的动力和复飞响应 对中控制困难 下滑道控制对机头的运动很敏感 机头向下着舰时,尾钩可能跳跃导致逃逸 机身调整灯(当可见时)和“砰砰的声音”表明需进行右方向舵操作 过度的动力减少能够使飞机的螺旋桨减弱进而引起飞机快速地下沉 采用单发动机时由于推力不对称,对中控制非常困难 无襟翼进场时舰尾净空会减少
C－2	与 E－2 类似,除了在进场过程中因飞机很轻有漂浮趋势
EA－6B	采用极好的动力和复飞响应 灵敏的机头 机头向下着舰时,尾钩可能跳跃导致逃逸 减速的趋势 与 A－6 类似
F－4	极好的动力和复飞响应,但容易出现过度控制 稳定迎角和机头 非常快速的进场速度 对于 F－4S 型飞机,对中控制更难 采用单发动机时需半襟翼,高速进场,动力响应明显退化;若复飞则需要燃烧器 附面层控制(BLC:Bundary Layer Control)故障时需增加进场速度 实用液压故障时采用半襟翼 主要依靠发动机进行下滑道控制,几乎不依靠机头运动

表 7-14(续)

F-14	恢复动力时,发动机响应缓慢 下滑道控制时需对动力与机头进行协调控制 降落过程中会滑行减速 当机头向下着舰及对中校正晚了的时候(尾钩摆动),尾钩可能跳跃导致逃逸 不使用直接升力控制(DLC)时需重新恢复动力 采用单发动机飞行时,除了飞行员工作强度大外还需取消减速板 采用无襟翼飞行时具有较高的速度
F/A-18	极好的动力和复飞响应 达到给定速度时,姿态非常平稳 下滑道控制时需发动机和机头协调控制
T-2	极好的动力和复飞响应 下滑道控制时需发动机和机头协调控制 较大的动力增加,机头会上仰 当机头向下着舰及较晚的对中时(尾钩摆动),尾钩可能跳跃导致逃逸 采用单发动机具有良好的动力响应
S-3	恢复动力时,发动机响应缓慢 进场时有滑行趋势 尾流导致下滑控制困难 对中控制困难,尤其是在切变风的情况下 机头俯仰运动对动力变化很敏感,尤其是在直接升力控制(DLC)故障的情况下 采用无襟翼时速度很快且重新恢复动力良好 采用单发动机时需采用半襟翼,由于推力不对称,对中控制困难 蓝色的外部灯光指示直接升力控制(DLC)激活

2. 飞机状态

对于LSO训练来说,飞机状态因素包括故障、配置、进场模式和燃料状况。表7-15是这些因素的概述,具体讨论如下。

飞机故障能够影响飞机进场的许多方面。灯光故障或者配置的变化(比如半襟翼)会改变提供给LSO的视觉信息。飞机子系统故障常常会影响动态飞行特性。例如,发动机故障(双发动机机型)、襟翼故障和飞行控制问题。飞行员仪器仪表故障(例如迎角指示器和其他飞行仪器)会减小飞行员在进场过程中的控制效率。飞机无线电故障会影响飞行员和LSO之间的交流。下面给出系统中将要仿真模拟的故障。

(1)没有无线电(NO RDO)

包括三种飞机无线电故障:飞行员可以接收但是不能发送信号,飞行员可以发送但不能接收信号,飞行员既不能发送也不能接收信号。进场时,飞行员不能接收到无线电信号是最严重的故障。飞行员和LSO之间的交流障碍增加了飞行员和LSO执行任务的难度。

(2)灯光故障

影响LSO指挥任务的飞机外部灯光有多种。某些外部灯光的故障将会增加LSO评价夜晚飞机动态进场的难度。灯光故障包括进场(迎角灯光故障)、飞机翼尖灯光故障和机身灯光故障。进场灯光故障可分为如下几类:

①全部发生故障(没有灯光可见);

②单一灯光故障(红的、黄色的或者绿的);

③任何迎角情况下都是一种灯显示(红的、黄色的或者绿的);

④与实际迎角有关的灯光指示不正确;

⑤白天亮起(非常亮)。

翼尖灯光故障包括单一灯光故障或者两种灯光同时故障两种情况。根据飞机类型的不同,机身灯光也不同。此外,机身灯光故障并不会对LSO产生重要的影响。

(3)发动机故障

发动机故障主要是具有双发动机机型的单发动机故障(除A-4型舰载机、A-7型舰载机之外的所有机型)。这种故障会改变飞行特性和动力响应,并且在多数情况下会引起襟翼配置的改变。

(4)着舰子系统故障

进场动力补偿系统(APCS)故障包括APCS响应缓慢、APCS响应过度和APCS迎角不正确。直接升力控制(DLC)若完全失灵,会使正常进场动力减少,进而影响F-14型舰载机的飞行特性。对S-3来说,直接升力控制(DLC)失效会降低下滑道控制效率,并且在动力改变时增加机头位置控制的难度。LSO需要了解的全自动着舰系统(ACLS)故障包括不正确/不稳定的下滑道和对中命令(在ACLS模式Ⅰ[①]进场过程中产生偏差)、系统故障引起的命令失效。

(5)飞行控制故障

飞行控制故障主要影响飞行员。飞行控制故障情况下需要LSO进行更多的指挥,这就增加了LSO的工作量。飞行控制故障主要包括影响飞行控制效率的液压系统问题、襟翼/扰流器故障和增稳故障。

(6)结构配置

飞机外形结构配置变化也可引起故障。这些构型的变化涉及如下结构:襟翼、副翼、扰流板、掠角机翼(F-14型舰载机)、弹射牵引杆、前起落架和减速板。

---

① ACLS模式Ⅰ:舰载机从进入雷达捕获窗口至到达舰母舰尾采用自动控制的着舰模式。

(7)飞行员仪表故障

着舰过程中的仪表故障,通常会影响飞行员执行任务,进而影响 LSO 的指挥。飞行员仪表主要包括航母着舰导航辅助系统、姿态指示器、高度计、迎角指示器、垂直速度指示器和 HUD。

飞机配置异常是由飞行员失误或故障引起的。外部存储配置(炸弹、导弹、燃料箱)与任务有关。受训者必须能够识别异常配置并了解异常配置对 LSO 指挥决策的影响。

进场模式是另一种影响 LSO 表现的飞机因素。使用进场动力补偿系统(APCS)进场时 LSO 使用的语音命令和策略与手动油门进场时的不同。ACLS 进场模式 I 是自动控制模式,这种模式下 LSO 必须紧密地监视进场过程并警惕控制偏差和系统故障。

飞机燃料情况也是一种影响 LSO 表现的因素。燃料情况与配置、转场距离、转场天气和进场燃料需求量有关。表 7-15 给出了燃料情况的分类。实际燃料情况是飞机类型和上述因素的函数。如 F-4 型舰载机,在天气情况良好且离转场区域较近的情况下可以安全着舰的剩余油量为 3 000 磅①,如果转场非常远或天气情况不好,安全着舰的剩余油量就需要多一些。燃料情况对 LSO 指挥的实际影响是:飞机在必须转场或者添加燃料之前,可以进行多少次进场。

表 7-15　飞机情况

故障	无线电故障、外部灯光、单发动机、进场动力补偿系统、自动飞控系统、直接升力控制、全自动着舰系统、迎角、飞行员仪器、襟翼、弹射牵引杆、减速板、掠角机翼、多重故障
配置	正常、起落架放下、襟翼(升起或局部)、阻拦钩放下 减速板(在错误位置)、直接升力控制(没选,F-14)、在船尾处后掠翼(F-14)、外部存储、不对称的外部负载
进场模式	手动进场、进场动力补偿系统、全自动着舰系统 I
燃料状况	油量只够安全着舰、较少的、中等适度、最大量(着舰允许的最大燃料量)、过量的

7.2.4　其他工况因素

在 LSO 训练情景中除了飞行员和飞机因素之外还包括其他工况因素,这些因素可分为如下几类:

---

① 1 磅 = 0.453. 592 37 千克,下同。

①环境；
②操作；
③LSO 工作站；
④航母。

本节将以表格的形式对工况变量和取值做分段描述。

1. 环境

在着舰过程中，LSO 需要处理许多环境变量，表 7－16 详细描述了这些环境变量及其取值。一部分环境变量会直接影响 LSO 的指挥，它们使 LSO 的感知和决策过程变得复杂，如甲板运动；另一部分会影响飞行员/飞机进场，并且影响进场趋势的结果（LSO 指挥的趋势），如风速变化。对 LSO 而言，三种最困难的环境情况是夜晚、甲板运动和看不到地平线，这些环境情况增加了飞行员执行任务的难度，并且经常导致不稳定的进场。影响 LSO 的主要环境因素是指挥时视觉信息的减少和在决策过程中需要综合考虑其他因素。

表 7－16　环境变量

变量	取值
环境光	白天 黄昏 夜晚
视野	清晰的 模糊的 一点也没有
甲板运动	固定不动的 轻微的俯仰运动 轻微的横滚运动 轻微的偏航运动 中度的俯仰运动 中度的横滚运动 中度的偏航运动 中度的俯仰、横滚、偏航复合运动 俯仰升沉运动 俯仰、横滚、偏航复合的升沉运动
风向	最佳的 轴向的 偏向航母右舷的 偏向航母左舷的 改变的

表 7－16(续)

变量	取值
风速	最佳的 高的 非常高的 低的 非常低的
能见度	没有限制的(7 nm 以上) 清晰的(4～5 nm) 不好的(2 nm) 非常不好的(0.5 nm)
低云	没有 低 非常低
尾流	无 轻微的 非常重要的

甲板运动中最主要的影响是舰尾运动，舰尾运动会影响进场过程的甲板净空。首先，纵摇和升沉会影响菲涅耳助降系统的稳定性，并给飞行员提供错误的“肉球”(下滑道)指示。这会导致飞行员错误地跟踪“对地稳定”下滑道，并降低了飞行员对理想下滑道和舰尾位置的感知、预测及决策能力。其次，横摇和偏航运动会加大飞行员的对中控制难度。LSO 训练中需要考虑的甲板运动的环境变量包括纵摇、横摇、升沉和它们的综合作用。

由于看不见地平线使下滑航迹失去了惯性参考，因此降低了 LSO 感知表现。这种情况发生在甲板做俯仰运动时特别危险，通常跟随在舰载机后面的飞机护卫驱逐舰可代替地平线作参考。低云雾或雨将引起飞行员和 LSO 的能见度下降，这会增加任务的复杂度。通常在这种情况下，LSO 会在飞行员看见航母之前先看到飞机。0.5 英里的能见度将减少 LSO 监视、评估进场趋势并提供辅助指挥的距离。同时，风的方向和强度也会影响进场几何结构，理想风向是一个与飞机类型相关的合成矢量，方向为斜角甲板的相反方向，强度在每小时 20 到 30 节之间。风速方向上的偏差会影响飞行员的对中控制，风速强度上的偏差会影响 LSO 指挥策略。在低风情况下，飞机进场速度可能会超出着舰阻拦装置或飞机结构的最大限制。

2. 操作

表 7－17 中描述的操作变量和因素都是影响 LSO 指挥的因素。这些情况会在指挥过程中增加 LSO 的压力。在飞机油量较低、没有空中加油机、没有转移区域等情况下需要 LSO 更多的帮助才能保证安全着舰。阻拦网回收是另一种压力较大的情况。无线电静默(EMCON)需要 LSO 能够在没有声音信号交流的情况下指挥进场。但更关键的是,指挥时需要及时注意舰载机着舰的甲板状况(畅通/堵塞)。在回收期间,船体失衡状态对进场跟踪和舰尾净空有不利的影响,同时也增加了 LSO 感知进场偏差的难度。在航母转向时指挥进场对于 LSO 来说是一项非常艰难的任务。

表 7－17　操作变量

变量	取值
空中加油飞机	有 没有
转场	近 远 没有
转场天气	目视飞行规则(VFR) 仪器飞行规则(IFR) 最小值
飞机数量	一个 较少 一些 许多
着舰间隔	正常(白天 45 ~ 50 s,夜晚 60 ~ 80 s) 较长 较短 非常短
通信限制	没有 少量通信(Ziplip) 无线电静默
阻拦网	没有 有

表 7-17(续)

变量	取值
MOVLAS	没有 有
甲板状况	关闭的 通畅的 阻塞的 无指示
挂索失败	无 早 晚 目标
CCA 模式	ACLS 1 ACLS 1A ACLS 2 ACLS 3 单一通道 SPN-42 对空监视雷达(ASR) 塔康(TACAN) 无(情况 1,2)
船体情形	水平 右舷倾斜 左舷倾斜 舰尾上升 舰尾下降 组合
船体转向(Ship Turn)	无 有
环境噪声	正常 安静的 很高的
菲涅耳透镜情况	正常的 不工作 稳定性故障 其他故障

表 7-17(续)

变量	取值
飞机护卫驱逐舰/ 飞机直升机驱逐舰	有 没有
操作类型	Fleet Cyclic 标准 Fleet CQ/REF 标准 FRS CQ 标准 CNATRA CQ 标准

影响 LSO 指挥的另一个重要方面是船上的回收人员协作情况。在航母平台上,主控 LSO 与候补 LSO、电话通话者、挂索监察员需密切配合,此外他们还需与飞行主控中心(PRIFLY)和航母空中交通管制中心(CATCC)的人员配合。这些人员之间协调或交流产生的任何差错都会增加主控 LSO 的压力和决策的复杂度。

3. LSO 工作站

这部分主要介绍 LSO 工作站的设备,LSO 工作站的配置在后续因素中讨论。

在进场之前,LSO 显示系统获取 LSO 工作站指示器的多个信息,如甲板风指示器、FLOLS 指示器(横滚角、基础角和钩眼距设置)、ACLS 模式指示器、钩尾距指示器和 CLASS 指示器。其中一些指示器提供了与飞机进场相关的动态信息,如 SPN-42、SPN-44、HUD(LSO 平显系统)和 PLAT(飞行员着舰辅助电视)。MOVLAS(手动光学助降系统)转发器提供了 MOVLAS 控制量的反馈信息,复飞灯转发器提供 LSO 用于确认复飞灯状态的信息。LSO 控制量(无线电,手持控制器(PICKLE),MOVLAS)与 LSO 训练情况有关。表 7-18 详细描述了 LSO 站的指示和控制变量。

表 7-18　LSO 工作站变量

变量	取值
LSO 无线电	正常 不工作 错误频繁
横滚角	正确 不正确
基础角(Basic Angle)	正确 不正确

表 7-18(续)

变量	取值
钩眼距设置	正确 不正确
飞行员着舰辅助电视系统(PLAT)	正常 不工作
SPN-42	正常 不工作
SPN-44	正常 不工作
ACLS 模式显示	正常 不工作
甲板风	正常 不工作
CLASS	正常 不工作
HUD	正常 不工作 局部故障
PICKLE	正常 不工作
MOVLAS 转发器	正常 不工作 错误
复飞灯转发器	正常 不工作
MOVLAS 控制	正常 不工作
钩尾距	正常 不工作

4. 航母

不同型号的航母会有许多差别，它们的大小、形状、LSO工作站位置和几何关系都会不同，这些都会影响LSO的决策。有些航母的LSO工作站是与飞行甲板平齐的，有些是嵌入式的。LSO工作站的结构配置也随航母型号的不同而变化。此外，LSO工作站也在不断地改进，其中涉及的LSO工作站设备包括：LSO平显系统（HUD）、航空母舰着舰稳定辅助系统（Carrier Landing Aid Stabilization System，CLASS）、指示器控制台和飞行员着舰辅助电视系统（PLAT）。不同航母菲涅耳透镜光学助降系统（FLOLS）的理想着舰点位置不同。同时，着舰阻拦装置的速度限制和影响LSO回收决策的其他因素也与航母型号有关。因此，LSO训练时需要选择一个典型的航母型号。

7.2.5　模型实现指南和准则

1. 实现目标

LSO训练系统的最终目标是提高LSO指挥训练有效性。为了实现上述目标，模型实现必须满足LSO训练的需求。根据对受训者的表现分析，LSO最重要的训练需求是缩短训练时间和提高受训者的决策技术与经验。

如果LSO训练系统能够提高受训者的指挥经验，并提供受训者指挥表现的有效反馈，那么就能减少训练时间。理想的情况是，指挥训练能够覆盖受训者工作中可能遇到的所有情况。然而，这个目标的实现受限于影响LSO决策技能和感知能力的工况因素。LSO训练不可能仅仅通过教学就使受训者具备航母上的工作能力，同样也不可能立即实现无人监督的训练模式。

LSO感知技能可在实际操作（实操）中快速形成，但在实操训练的开始阶段往往面临受训者与LSO交互的障碍。因此，必须实现交互训练任务的有效仿真，以减少实操训练时间。培养复飞决策技能是实操训练的重点任务，训练系统必须提供基本认知技能的训练，在此基础上受训者才能学会如何在复杂工况和紧张的复飞工况下指挥。实操训练为受训者提供的复飞决策机会较少，而LSO训练系统却能在不真正危及舰载机安全性前提下，提供复飞决策的训练。

在指挥进场时，显然LSO很难用语言表述并量化它们执行的任务。这种情况降低了LSO教练员对受训者指挥评价的有效性。LSO训练系统的动作反馈性能可通过表现评估，任务的重放和其他具有指导性的功能提高。同时，这些功能也能客观的通过动作评估给洞察力良好的受训者提供指挥任务，并且能更好地配合在职学习者。以上情况可以加速受训者的训练过程。

在完成训练目标时，也需要考虑模型实现的灵活性。飞行员行为模型必须具备修改初始条件和操作响应参数的功能。飞机模型也必需兼容未来其他机型。

必须实现教练员模型和飞行员/飞机模型之间的交互,这样有利于根据变化的训练需求细化或修改交互界面。

LSO背面显示系统已经能够满足LSO自动训练系统的部分要求。飞行员模型的实现会减少飞行员在实际LSO训练时对LSO背面显示系统的需求,还可以让受训者在没有教练员时也可以练习。

2. 实现准则

模型实现的主要准则是实现飞行员行为、飞机性能以及工况的有效仿真。有效性表现在两个方面:一是满足LSO训练系统的最低仿真要求,二是实现飞行员和飞机仿真的表现模拟。

正如上文所述,我们希望模拟所有指挥情况和受训者在工作中可能遇到的工况。但是,考虑到资金、技术水平和训练时间的限制,这些是不可能实现的。因此,训练系统的实际目标是通过指挥训练和各种工况下的表现评价实现工作中关键指挥决策技能的训练。为了实现这一目标,训练时的指挥工况必须与已定义正确指挥动作的决策因素和工况相符。

各种研究表明,复飞决策是着舰指挥中最重要的方面。同样,我们可以通过文献调查得知进场过程中的飞行员行为是影响复飞和其他决策的关键因素。因此,主要准则是模拟着舰进场过程中LSO与飞行员交互的基础。为了使仿真更有意义,我们精确模拟飞行员对决策指令的响应时刻,具体方法将在下文中进行详细地讨论。飞行员行为可通过进场趋势控制和LSO呼叫/信号响应进行描述。为了使受训者体验到多种决策情景,必须至少提供与三种机型相关的飞行员行为。不同机型具有不同性能特征。首先推荐F-14型舰载机,这是因为它是大型飞机且进场速度慢、对中控制困难,兼容多种进场模式(APC,DLC,手动油门)。此外推荐A-7型舰载机,因为它是小型飞机且进场速度快、对中控制容易。由于上述两种机型减速时的动力响应迟钝,因此A-6型舰载机或E-2型舰载机是推荐的第三种机型。这是因为它们都具有较快的动力响应,除了具有典型的飞机性能,还能实现典型的多机回收。

仿真至少需要考虑四种环境工况:夜晚、甲板运动、风速变化和地平线定义的变化。夜晚对飞行员和LSO来说是最恶劣的工况,同时也是事故最容易发生的工况。甲板运动和风速变化是导致舰载机着舰事故的主要因素。提供这些工况和地平线定义的变化情况,有助于锻炼受训者在多种变化工况下的指挥技能。LSO背面显示系统能实现上述所有工况的模拟。

最后,LSO训练系统的最低要求是支持使用手动光学助降系统(MOVLAS)。尽管MOVLAS并不经常使用,但它还是一个很重要的LSO辅助工具。LSO背面显示系统同样支持使用MOVLAS。

飞行员行为以及飞机性能仿真品质对训练系统的有效性来说是极其重要的。

飞行员行为仿真必须能够准确地模拟实际进场控制参数,尤其是在进场最后半英里,飞机模型同样也如此。飞行员和飞机动态过程为LSO指挥提供了主要的决策信息,先于或独立于LSO干预的动态信息受飞行员模型进场趋势控制分量的影响。在进场过程中,LSO干预的动态信息受飞行员模型响应分量的控制。模型分量控制下的主要动态信息包括下沉率、对中漂移和迎角。仿真中的下沉率和迎角数据必须要与实际发动机动力和俯仰控制相关。在仿真实现的过程中,进场控制必须经过LSO专家的测试和评估,这样才能保证飞行员和飞机仿真的有效性。

在LSO背面显示系统中,部分飞行员模型实现需要利用ACLS软件的模式I来实现进场控制。此外,还需要研制软件生成ACLS需要的输入(例如,在中间阶段飞得很高或者在接近舰尾位置飞得有点低)。

3. 其他实现的考虑

下面给出模型实现需要考虑的因素和研究方向,以下内容都可用于LSO背面显示系统的改进和知识获取。

实现研究必须要有系统分析师、软件程序员、训练分析师和LSO专业问题专家(LSO Subject Matter Experts)的参与。模型的详细设计,训练需求的软、硬件实现,以及面向训练需求的系统开发都需要多种专业知识。在模型参数和取值的具体获取过程中将用到专业问题和系统分析的专业知识。在LSO训练系统中,仿真(飞行员行为模型)与教练管理(教练员模型)交互的详细设计会用到训练分析、专业问题(Subject Matter)和系统分析等专业技术。为了确保系统性能能够满足训练需求,训练分析师和专业问题专家全体人员必须参与模型的有效验证和系统联调。

LSO背面显示系统是确定模型参数和取值的最实用的工具。训练情景中变量取值可参考夜间航母着舰训练系统(NCLT)的进场记录及其参数分析。

语音识别技术系统的性能也是LSO训练系统的关键。在模型实现过程中,应尽早评估语音识别技术能否支撑飞行员响应的真实仿真。此外,在早期设计中还需考虑可选的控制方案,例如,受训者与复飞,切断灯光控制交互和由教练员诱发的“操纵杆”响应。如果飞行员行为模型用LSO背面显示系统实现,则上述情况对模型的实现就显得十分重要。

第8章　LSO训练系统设计

LSO训练系统中的指挥任务以飞行员行为模型的功能特征为基础。第7章以前研究了LSO指挥任务，第7章介绍了在LSO训练系统中飞行员行为模型的功能特征。本章在飞行员行为模型的基础上，综合考虑LSO训练系统的自动教练员模型功能，给出LSO训练系统的程序设计。本章和第7章是系统开发人员进行详细设计和系统实现的参考[31]。

本章以详细设计为目的，规划了LSO训练系统(LSOTS)仿真子系统的软件定义、设计、开发及实现。本章与飞行员行为模型的内容相结合，系统地介绍了软件的主要特征以实现整个训练系统的设计和实现。程序设计部分在介绍软件功能和实现的同时，还介绍了仿真子系统模块，并讨论了训练和系统的约束问题。

8.1　LSO训练系统的总体设计

8.1.1　LSO训练系统的结构和功能设计

LSO训练需要实现受训者任务表现与教练指导间的交互。美国在岸上和航母着舰工作环境中都已经实现这一目标。然而，由于频繁降低操作等级和缺少资深LSO，实操训练(on the Job Training，OJT)环境已经变得越来越少。为了弥补OJT环境的不足，美国海军提出LSO自动训练的概念，并开展了相关研究。本书的第3章指出这一概念的许多方面已在实验室和岸上进行了验证。

LSO训练系统必须具备如下功能：航母着舰环境的LSO视景仿真功能，LSO与飞行员的交互功能，独立工作，教学指导，训练大纲管理，评估受训者和记录受训者进步的功能。

设计概念由如下五个主要部分组成：

①受训者工作站；

②教练员控制台；

③教练员子系统；

④仿真子系统；

⑤受训者记录。

图2-1描述了这些单元和它们之间的相互关系。其中仿真子系统实现飞行员行为模型的仿真。7.2节给出了行为飞行员模型的需求，即实现进场趋势和对LSO语音命令/信号的动态响应，其中进场趋势控制的目的是获得与LSO感知和

决策有关的下滑道、对中、迎角偏差,LSO 命令响应是 LSO 受训者必须学习的飞行员响应。建立飞机模型需要机型、飞机故障和其他进场特征(方式、配置和燃料情况)的详细资料。

LSO 训练系统涉及三项重要的技术,它们对飞行员行为模型同样十分重要。其中,视景仿真技术决定了飞行员行为模型输出的有效性,自动语音识别(和理解)技术影响了飞行员对 LSO 语音指令的响应描述效果和自动表现评估。与大纲自动管理有关的智能技术影响了训练中飞行员行为选择(教练人员或者自动教练员的决策)的性能。后续章节将对系统设计相关技术和它们的影响进行详细描述。

8.1.2 LSO 训练系统的实现原则

LSO 训练系统是 LSO 训练计划中的教练系统,该系统包括理论知识、岸基航母着舰练习(FCLP)操作和实际航母着舰操作。

LSO 自动训练系统的实现原则是为各种(从基本技能到高级技能的)LSO 训练需求提供教练支持。基本技能是指 LSO 对飞机进场动态信息的感知、与信息相应的 LSO 指挥和 LSO 的工作习惯。中级技能是指能够针对各种机型和飞行员特征构建飞机控制(“指挥”)策略。高级技能是指在复杂回收工况下基本技能和中级技能的扩展。复杂的回收工况包括飞机故障、恶劣的环境工况(甲板运动、能见度低及不理想的风速等)和恶劣操作工况(飞机低燃料情况,挂索失败、舰摇、工作站的辅助系统故障等)。此外,除了掌握飞机控制技术之外,受训者必须掌握评估着舰安全性和效率的技术。通过 LSO 训练系统,受训者将会了解越来越多的复杂概念及其相互关系。此外,LSO 训练系统概念中也包括了根据 LSO 的职责不断拓展 LSO 的训练任务。

LSO 自动训练系统须为受训者提供交互环境和航母着舰工况的仿真。受训者需监视进场的飞机,综合考虑航母着舰环境(例如,甲板运动、风和飞机故障等),并根据飞机的动态信息,下达语音命令或灯光信号命令。航母着舰仿真包括飞行员对受训者语音呼叫命令和信号命令的响应。LSO 训练系统还为受训者提供使用 MOVLAS 和改变理想阻拦索的训练仿真,系统以任务描述、解释和举例的形式将训练阶段的学习任务提供给受训者。此外,系统还将结合回收工况向受训者提供表现反馈。

在训练中,受训者需根据教练员子系统提供的教练员决策和自动训练大纲进行训练。LSO 训练系统同时也为受训者提供实践练习的选择。减少或最小化训练过程中的人为指导也是 LSO 训练系统的目标之一。随着系统使用经验的积累,自动教练员的逻辑将不断更新,以进一步提高自动训练的有效性。

在训练系统中,飞行员行为模型非常重要,它确定了航母着舰模拟环境中飞行员和飞机的行为，飞行员行为以进场趋势变化的形式给出，也可通过飞行员对LSO的语音命令信号的响应进行表达。飞机的行为表现受机型和飞机故障的影响。

8.1.3 LSO 训练系统的软件总体设计

1. 采用由上而下的结构

LSO 训练系统采用由上而下的设计结构，在这种设计结构中功能设计位于最顶层，接下来是细节实现，最后一层是功能界面设计。这种设计方法，只有当最高层设计完成时，才能确定和解决精确的细节。不论是在大软件工程还是小软件工程之中，采用这种方法都可以明显提高设计性能并且减少开发时间 。

2. 模块化设计

LSO 训练系统软件都采用模块化设计方法，这种设计方法是把软件分割为几个模块。模块可以是内部的，也可以是外部的。其中，LSO 训练系统软件外部模块的目的是为了更容易地进行设计、执行、调试和维护。

3. 系统连接

连接强弱的概念在很长时间里是软件设计争论的焦点问题。连接强的系统通过在模块之间共享内存变量来传递控制信息和数据。连接弱的系统只有在有系统需求时才传递参数和变量。LSO 训练系统应该设计成一个弱连通信息驱动系统。

4. 数据驱动

LSO 训练系统软件应设计为一个数据驱动系统。在系统存储文件程序的外部定义全部输入参数、数据、常量、主要的管理和决策逻辑，这意味着数据决定了程序的执行和性质。采用这种方法可以使一套程序实现多种功能，每种功能都可以通过在配置文件中存储的参数和数据进行定义。

5. 系统适应性

软件设计必须能够满足后续系统改进的需求。在下列情况下需改进视景仿真软件：新增新型舰载机、现有机型的改进、新增航母和 LSO 工作台的改进。训练任务应随着 LSO 语音命令的增减而变化。随着对 LSO 行为了解的增加，LSO 表现的评价标准也在变化。为适应新的教练技术，教练和反馈中所用的效果图和显示形式也需进行相应地改进。

6. 训练目标定位

LSO 训练系统不仅仅是着舰指挥训练的工具，还是以 LSO 表现和训练目标为基础的训练教学系统。在训练系统中表现目标和逻辑由教练员子系统设定。在训练过程中不可能避免受训者和教练人员的干扰。应该确保系统使用者明确训练目标以便减小对系统的不当使用。如果发现表现目标、教学课程、训练大纲逻辑和系统等其他方面有缺陷,那么应当查明并且进行改进以满足系统要求。

基于上述设计和目标,可采用分组设计部分系统,然后全系统集成设计的方式进行系统开发。

8.2 LSO 训练系统的程序设计

LSO 训练程序设计以满足系统约束条件下训练和操作的需求为目标,程序功能为:

①教练员、受训者和大纲设计人员之间的交互功能;

②一般、特殊训练应用程序和工况(训练大纲、视景仿真、训练记录)数据库的访问与使用功能;

③对复杂设备的动作仿真功能(飞机);

④决策过程的模拟功能(LSO、飞行员);

⑤系统(部分部件位于自身外部的系统)活动的监控和指导功能;

⑥以上的功能提供离线支持功能。

8.2.1 LSO 训练系统的程序管理设计

LSO 训练系统是以计算机为基础的训练系统。下面介绍系统功能组织,系统功能包括如下几个方面。

(1)训练大纲管理

训练大纲管理是教练员模型功能的具体化,包括大纲制订、表现监视、表现评估、受训者记录和人机界面。

(2)训练管理

训练管理功能包括情景管理、情景生成、任务监视和受训者输入的语音理解。

(3)训练显示

训练显示功能包括全部的非教练员模块、仿真程序、训练或与任务相关数据和信号的显示。

(4)数据管理

数据管理功能是指管理、存取和维护全部信息。数据管理数据包括受训者记录数据、仿真数据、显示数据、训练大纲数据、语音数据和与任务相关的数据。

8.2.2 LSO 训练系统的子系统程序设计

图 8 -1 给出了 LSO 训练系统子系统的功能。

教练员子系统的功能包括训练大纲选择、训练大纲管理、表现监视、表现评估、系统总结以及受训者记录数据、语音数据和相关任务数据的存取和管理。设计该子系统时必须把 LSO 训练系统的人机界面作为一个整体进行设计。教练员子系统和其他子系统之间都存在交互。

仿真子系统是飞行员行为模型的实现。仿真子系统的功能是情景生成、情景监视、情景管理、所有非教练员相关模型的仿真、响应语音子系统输入的语音理解和使用仿真任务相关的数据。仿真子系统接收来自教练员子系统和数据管理子系统的输入数据。同时,仿真子系统的输出数据将由显示子系统和教练员子系统接收。

显示子系统是一个自包含系统,它的功能是请求生成图表显示和描述受训者的文本。显示子系统以教练员和仿真子系统的输出为输入。基于仿真子系统的输入,显示子系统向受训者提供飞机进场、航母甲板概况、地平线、海/天情况和 LSO 工作站的视景显示。显示子系统同时也具备情景声音仿真功能,例如飞行甲板上的声音和进场飞机的发动机声音。显示子系统不作为其他任何子系统的输入。

语音子系统将受训者的语音数据作为输入,识别语音并生成数据。语音子系统也可生成情景中的语音,例如飞行员、飞机指挥官和 CATCC(航母空中交通管制中心)全体人员的语音。语音子系统与教练员、仿真子系统存在交互。

数据管理子系统是离线子系统。该子系统负责维护 LSO 训练系统中的全部数据,在线模式下它与除显示子系统外所有的其他的子系统相互作用。为了减少设计和开发的时间,在程序运行时其他子系统通过数据管理子系统来访问相关数据。

8.2.3　仿真子系统的模块设计

图 8-2 给出了仿真子系统功能。在下文中将频繁使用“情景”一词,“情景”是指展现给受训者的训练工况,包括一个或多种航母着舰方式和相关情况的教练说明、演示或训练交互。组成情景的元素包括进场飞机、航母和 LSO 工作站情况、环境影响(如风、甲板运动、天气和地平线)、各种声音。情景可能是一次进场也有可能是一系列的进场,一系列的进场情况相对稳定(即相同机型、相同甲板和环境情况等的一系列进场)或者在不同回收周期间发生变化(即不同机型、增加甲板运动、天气恶化等的一系列进场)。

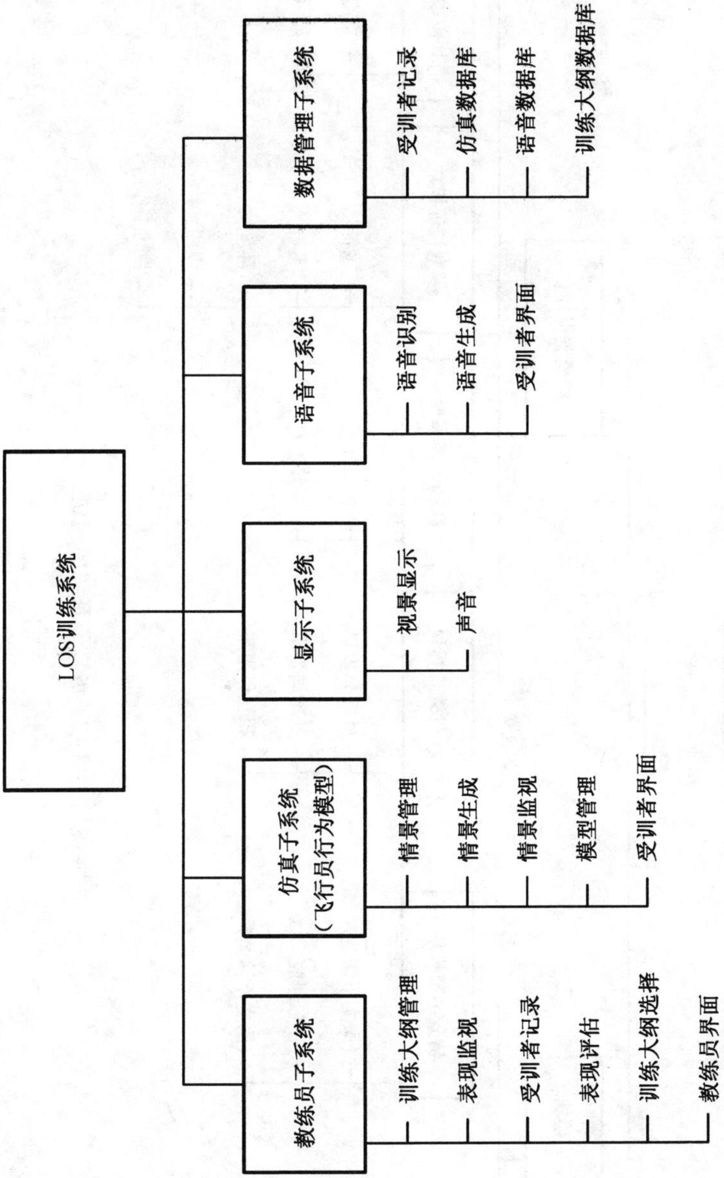

图8－1　LSO训练系统的子系统

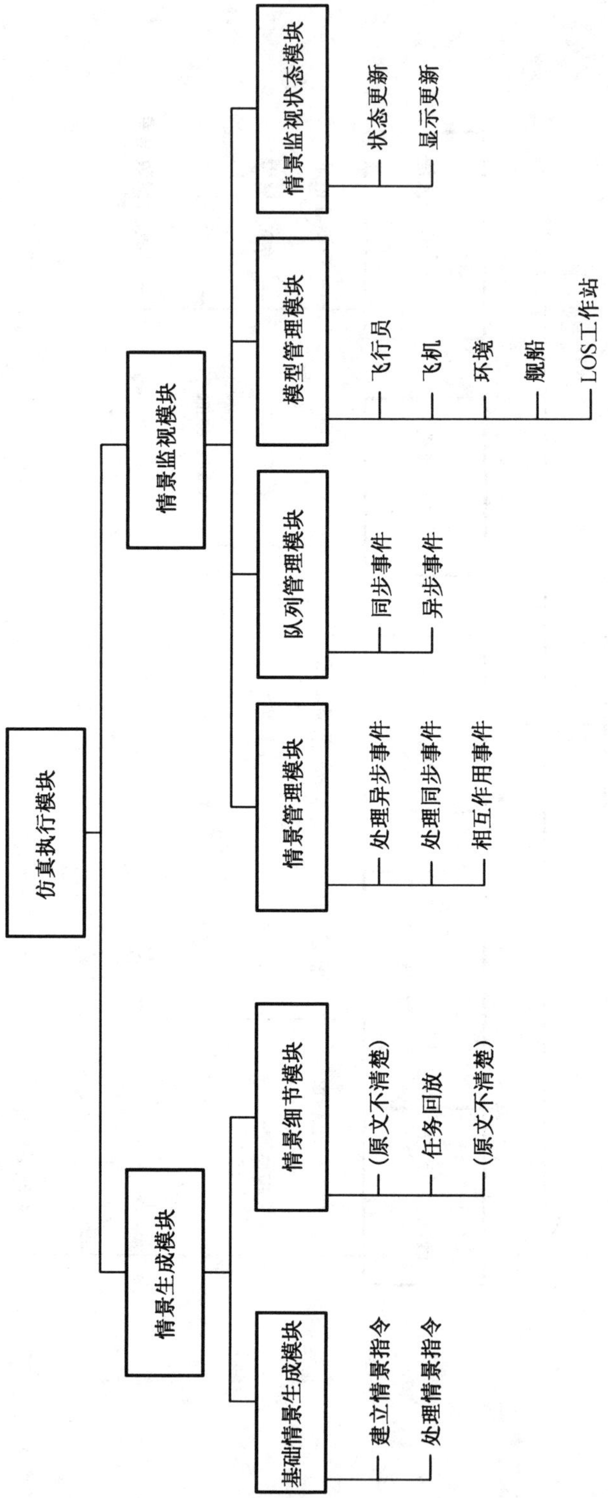

图8-2 仿真子系统的模块

1. 仿真执行模块

仿真执行模块是仿真子系统的核心，主要负责情景生成和情景监视子功能的管理。

(1)功能

仿真执行模块负责规定所有输入、输出信息的流向，各模块和子功能管理消息格式。仿真执行模块还负责仿真子系统的错误检测和异常处理。由于用户(教练员和受训者)输入由教练员子系统来完成，因此仿真执行模块还负责文件的访问管理。仿真执行模块还负责生成所有数据库管理请求，这些请求可通过使用数据管理子系统中的事例实现。

(2)输入

仿真执行模块的输入如下所示。

①训练系统运行所需的仿真数据请求。

②基于教练员子系统信息的情景，这些数据主要由训练大纲信息组成。

③情景文本中教练员重写的数据和(或)事件。

④整个系统管理和同步的格式化消息。

⑤仿真子系统各模块的数据和(或)服务请求，可分为两类：第一类是仿真子系统内部的服务，仿真执行直接提供的服务或从其他模块中获取的服务；第二类是仿真子系统外部的数据和(或)服务请求，在训练系统执行过程的最后，这些请求被直接发送。

(3)输出

仿真执行模块的输出如下所示。

①训练系统执行模块的数据请求，数据只包括飞机的状态和状态向量、飞行员行为模型的反馈，提供给显示子系统的数据，在实现教练员子系统的监视功能时也需要使用到这些数据。

②与输入中⑤对应，仿真子系统各模块的数据和(或)服务请求。

2. 情景生成模块

情景生成模块的功能是在仿真执行模块监督下实现的。

(1)功能

情景生成模块提供了教练员子系统与基本情景生成器和情景细节模块的高级交互界面，其中基本情景生成模块和情景细节模块都是情景生成模块的产物。

情景生成模块是管理和排序的模块，不直接产生任何数据。

(2)输入

情景生成模块的输入主要包括来自教练员子系统的请求，这些请求的目的是产生与任务、关键学习内容、恶劣环境(教练员子系统数据中描述的内容)对应的特定情景。

(3)输出

情景生成模块的输出包括管理和序列数据。

3. 基本情景生成模块

基本情景生成模块的功能是形成基本情景命令并对它们进行处理。

(1)功能

构建情景命令即处理所有存储的和(或)教练员从控制台输入的情景。执行情景命令即从模型单元的存储文件中选择模型单元,并将单元编辑器包括其中,最终生成中间情景文件并传递到下一个模块。

(2)输入

基本情景生成模块的输入主要是教练员子系统训练大纲数据库的数据请求。这些功能以命令的形式给出,即基本情景生成模块结合仿真数据库中的简单单元(各种模型单元和情景模板)生成一个情景。例如,这些命令可能请求进场数目、机型、趋势类型、飞行员响应特性、船和周围环境等信息。

(3)输出

基本情景生成模块输出的是一个中间情景文件。

4. 情景细节模块

情景细节模块的功能是完成情景生成,该模块以中间文件为输入生成用于LSO 训练系统仿真子系统的情景执行文件。

(1)功能

情景细节模块包括如下三个子功能。

①利用情景文件查询模块单元交互的矛盾和不一致,这些不一致由命令构建错误引起。例如,在白天着舰的情况下给出了一个飞机外部指示灯失灵的请求。系统需要解决这些问题,或者发布诊断消息并给出问题的原因,并决定是否可以让它继续。

②所生成的情景在保存之前,为用户提供检查的机会,用户可以更改情景中不合理的部分。此外,由于可能对训练变量产生不利的影响,建议用户保守地进行适当地修改。

③利用情景监视模块产生情景数据文件。前面给出了离线时的情况,在允许检查最终情景文件的情况下,在动态情景生成过程中具有同样的事件序列。

(2)输入

情景细节模块的输入包括中间文件、对教练员/用户的请求或修改以及解决模型矛盾的特定信息(来自于模型文件)。

(3)输出

情景细节输出包括可检查的情景文件和(或)保存的执行情景。

5. 情景监视模块

在仿真执行模块的管理下,情景监视模块管理情景生成模块和仿真情况。

(1)功能

情景监视模块利用情景管理、队列管理、模型控制和监控情景状态等子功能来管理情景的执行情况。情景监视模块处理情景、任务和仿真相关数据的文件,同时它也控制仿真计时器的事件队列,该计时器队列与发生或没发生的预先定义的或选定的事件有关。与情景生成模块一样,情景监视模块也仅仅是一个管理模块而不产生数据。

(2)输入

情景监视模块的输入包括训练系统执行器的情景执行请求和仿真子系统中附属模块的输入。而内部输入包括情景文件数据、暂存文件数据、仿真子系统数据库数据以及预存记录文件或回放文件的附加信息。

(3)输出

情景监视模块的输出主要包括模型控制子模块指令、队列控制子模块指令和监视模块的情景状态子模块指令。

6. 情景管理模块

情景管理模块是情景监视模块的子模块,用于管理配置后的基本场景,这些配置文件受指挥官和(或)受训者以及事件交互的影响。

(1)功能

情景管理模块通过处理一系列事件和它们之间的交互信息实现情景管理。事件可分为同步事件和异步事件两类,两类事件采用各自的数据结构进行维护。同步事件在发展过程中是可预测的并取决于某些变量,如时间、距离和高度等。例如,要求在中间阶段(距离着舰点 4 000 英尺)具有低、慢进场偏差趋势。另一个例子是要求在预先确定的范围内触发飞机发动机故障事件。异步事件主要由外部动作触发,如教练员或受训者的输入。这类事件中出现最多的是受训者的指挥事件(语音命令、灯光信号)。单元交互可能是同步的,也可能是异步的,这只取决于引起它们的一个或多个事件。

(2)输入

输入包括:同步和异步事件队列,来自于仿真子系统数据库模型单元文件的事件交互修正,教练员和受训者的输入(如语音)。

(3)输出

输出主要包括显示子系统的显示命令和模型管理模块的命令。

7. 队列管理模块

队列管理模块建立和维护同步或异步事件队列。

(1)功能

队列是两个基于练习时间、距离或其他任务或与情景相关变量的动作列表。这些动作列表是以一个或多个变量为基础的。在周期间隔或异步事件发生时,队列管理模块重新评估两个队列中的信息并在必要时重建它们。此外,事件交互也可能引起队列的重新评估。

(2)输入

队列管理模块的输入包括情景文件以及教练员/受训者输入的时间和位置事件数据。

(3)输出

队列管理模块的输出包括同步和异步事件队列的更新。

8. 模型管理模块

模型管理模块管理情景中各种模型单元的执行情况。

(1)功能

模型管理模块的功能是管理飞机、飞行员和环境的动态状态等。根据情景数据,将被用到的单元放置在执行列表中。在情景执行周期之内,模型管理模块调用各种模块单元。在被调用时,这些单元根据仿真数据结构更新飞行员、飞机或环境的状态。例如,模型管理模块使飞机按照情景命令给定的趋势进行飞行,同时给出与受训者语音命令对应的飞行员响应。更新的仿真数据用于情景状态监视模块。

(2)输入

模型控制模块的输入包括情景命令和相关数据、同步及异步事件队列和受训者对教练员子系统的指挥反馈。

(3)输出

模型管理模块的输出为仿真子系统中模型单元的调用命令。

9. 情景状态监视模块

情景状态监视模块在情景监控模块的管理之下维护和更新飞机的状态及其他状态变量。

(1)功能

情景状态监视模块定期向教练员子系统提供飞机状态信息(位置、速度、姿态等)和其他状态变量(风速、甲板运动等),并且在显示子系统中定期更新。飞机位置的更新频率不得少于 15 次/秒。异步事件进程可能随时要求更新飞机状态,这些异步事件可由仿真子系统中的其他模块推进,也可由用于系统其他部分的训练系统执行器推进。

(2)输入

情景状态监视模块的输入包括运行时间数据、事件相关数据和情景执行数据。

(3)输出

情景状态监视模块的输出包括飞机状态信息和其他工况信息。

8.2.4　教练员子系统与仿真子系统的相互支持

教练员子系统提供概念信息时需要仿真子系统中飞机距离、位置、下沉率等状态信息的支持,此外由于训练过程具有随机性,教练员子系统需要的一些着舰条件不会明确的被提出。仿真子系统能够提供的着舰条件为:

①飞行员特性;

②飞机类型,故障;

③环境的情况;

④操控情况;

⑤母舰情况;

⑥LSO 工作站情况。

但教练员子系统的训练意图不需仿真子系统的任何支持。

另一方面,飞行员行为模型的功能与教练员子系统的支持是相关的。训练情景的生成需要教练人员的干预。教练人员可根据受训者的进步或表现情况设定训练情景中的某些变量,而不仅仅遵循训练大纲。因此,需要提供教练人员辅助支持功能以增加教练员管理的灵活性。为了实现教练员管理的灵活性设计,教练员子系统需与仿真模型和管理特征相适应。

8.3　LSO 训练系统的功能约束

本节的目的是讨论 LSO 自动训练系统的功能约束。这些约束主要分为两个方面:训练和系统。训练约束是与系统的能力和使用相关的约束,系统约束是指在系统硬件上实现软件程序的约束。

8.3.1　训练约束

LSO 自动训练系统训练的有效性受一些约束的限制,这些约束可分成两类:一类与系统能力相关,另一类与系统的使用相关。

与系统能力相关的约束是系统采用的先进技术水平。视景仿真是其中一种先进技术,LSO 任务信息及其仿真情况的视景仿真效果是训练效果的影响因素。

自动语音识别技术水平也是一种系统能力相关约束,较差的语音识别和(或)过长的识别时间都会对训练效果产生不利的影响。教练管理的智能化水平是另一种系统能力相关约束,由于系统的目标之一是在增加 LSO 教练员负担的基础上提高 LSO 训练的效果,教练管理的智能化技术是无教练人员训练的技术基础。

即使得到了有效的技术支持,一些系统功能的可实现性仍不可确定。训练大纲管理、受训者评估和情景描述都是极其重要的独立功能且都能够影响训练效果,这些因素和其他系统功能的相互作用与系统人机界面同样重要。系统设计应能根据系统的性能缺陷和 LSO 训练需求的变化做出相应调整,因为任何功能上的缺陷都将严重影响系统的训练效果。

如果系统利用效率低,再好的训练系统也无法达到理想的训练效果。一些潜在因素制约着训练系统的利用效率,有必要对训练计划的品质管理和与系统有关的教练大纲进行研究,须根据当前 LSO 训练的需求对训练进行不断地监管和改进。未来的 LSO 必须优先应用该系统进行训练,但这需要提供更多的系统训练地点和异地训练的经费,同时必须下令禁止 LSO 进行其他训练和其他职责训练。训练需要足够的教练员,因此必须给 LSO 提供充足的教练人员。如果系统设计时不考虑教练人员和受训者的意见,那么将会降低用户认可度。以上这些缺点将影响系统的有效使用,并且会影响它的训练效果。

总的来说,很多因素都会影响 LSO 训练系统的效果。在系统的设计、开发和实现期间,必须注意人为因素、系统因素和它们存在的潜在影响。这就要求研发人员重视系统功能的设计和权衡决策,在设计和开发时充分地吸取用户的意见,详细地测试系统功能和训练效果,并与系统开发相关人员明确系统设计目标。

8.3.2 系统约束

任何复杂软件开发工作的主要目标都是有序、高效地实现程序的开发。其次,开发工作要求开发的软件具有灵活性和可维护性。在系统最初的分析和定义阶段如果不考虑以上问题,就会导致系统设计不能解决即将发生的问题。这就是最显而易见的系统约束,这些系统约束却经常被忽视或者不被理解,研发人员可以采用编制详细的设计文档和标准化软件开发过程的方法减少这类问题。

第 9 章　结论和建议

本章给出 LSO 训练系统研究的结论以及系统研究人员对系统研发、使用的建议。

①LSO 训练系统需显示着舰指挥的相互配合情况，并注重关键情况的指导，这会提高 LSO 训练的效益。

②LSO 受训者应在 LSO 训练系统上模拟训练多种工况，这对培养 LSO 的着舰进场感知能力有积极作用。

③飞行员行为和飞机特征贯穿整个建模过程，它们是 LSO 训练系统中最重要的方面。

④自动语音识别的处理时间对于有效描述飞行员对 LSO 行为的响应来说极其重要。

⑤为了实现训练需求数据库的详细设计，并发现与训练要求相关的情况变量，还需要进行大量的调研工作。

⑥为了实现自动飞行员的及时评估，建议通过在 LSO 背面显示系统中增加飞行员模型来实现自动飞行员评估。同时这样做也提高了设备的利用率。

⑦为了确保训练的有效性，提高用户的接受程度，需要专项问题专家、训练分析员和人为因素人员不断参与 LSO 训练系统的开发过程。

⑧为了提高 LSO 训练系统的训练有效性，应该对整体的训练计划进行分析和设计。

⑨美国海军安全中心是 LSO 训练模型管理中心的一个良好的数据来源，可用来监测训练的有效性并提出训练需求。

附　　录

附录 A　成本节约分析材料

为了获得 LSO 对 LSO 训练系统效益的意见,美国海军太平洋舰队航空司令部(COMNAVAIRPAC)和美国海军大西洋舰队航空司令部(COMNAVAIRLANT)分别在 Miramar 和 Cecil 举办了资深 LSO 的研讨会。本附录是上述会议的研讨材料。

1. 材料名称

LSO 训练调查:航母着舰事故讨论会。

2. 材料撰写单位

THEL HOOKS(退役的 LSO) - MATHETICS 公司。

3. LSO 训练的研究部门

美国海军教育与训练司令部/人为因素实验室、LSO 训练模型管理中心。

4. LSO 训练系统的可能效益

训练更多具有指挥资质的 LSO,减少 LSO 的工作量——更好地应对恶劣工况。

5. LSO 训练系统可能提高的技术领域

(1)LSO 训练的指导材料

——关于任务/职责的信息

——强调指挥关键方面

(2)模拟的指挥环境

——眼嘴协调

——PICKLE(手持式控制器)时间

——揭示关键的指挥技能/工况

6. 需要 LSO 部队提供的信息

——训练的关键技能/指挥情况

——训练的优先次序

7. 研究的着舰事故案例

研究 1970.7—1979.12 期间的 158 次着舰事故,其中 51 次事故为 LSO 责任事故。

8. 会议讨论程序

①回顾着舰事故概述;

②提出关键因素；

③讨论 LSO 避免事故发生的概率；

④讨论通过训练提高 LSO 着舰应对能力的可能性；

⑤讨论 LSO 训练的重要影响因素；

⑥在回顾所有事故之后，进行开放性讨论。

9. 着舰事故的会议讨论结果

表 A－1～表 A－24（由于原文中提供的事故概述是手写稿，难于辨识，表中舍去事故概述的内容）给出了着舰事故会议的小组讨论结果，其中 LSO 能避免事故发生的概率值含义如下：

（1）高等级　LSO 责任等级高

①舰载机在拥堵的甲板上着舰；

②着舰进场情况非常糟糕，但没有复飞仍旧进场着舰；

③对中扫描故障；

④其他。

（2）中等等级　有明显的迹象表明需要下达复飞或其他更加安全指令

①差的情况，不稳定的进场；

②差的开始/其他的飞行员迹象；

③“经典的”进场趋势；

④其他。

（3）低等级　不需要 LSO，可以很好地控制

①可以接受进场，飞行员机头向下/动力突减/漂移率在复飞窗口之内；

②其他。

加强 LSO 训练和/或提高 LSO 指挥经验能够提高 LSO 应对该着舰情景能力的概率值含义为：

（1）高等级影响：满足下面所有情况；

（2）在事故情况下，在如下方面对 LSO 表现有强烈的积极影响

①更全面的指挥经验（手持控制控制器时间）；②飞行员的经验或者类似的情况；③更多着重于决策因素的大量训练/与事故情况有关系的指挥情况。

（3）中等的等级的影响：满足上面的某些情况。

（4）对 LSO（们）的表现有积极的影响。

（5）低等级影响：如果不满足上述条目或者在 LSO（们）的表现上没有积极的影响。

表 A－1　着舰事故 1 讨论结果

1. 事故基本情况

飞机型号	白天/夜间	航母	时间	事故损坏等级	事故经济损失	备注
A－7A	白天	中途岛号	1976.11	C	$143,000	1 级致命损毁

2. LSO(主控 LSO 或候补 LSO)能避免事故发生的概率

(C:Cecil 会议结果；　　M:Miramar 会议结果)

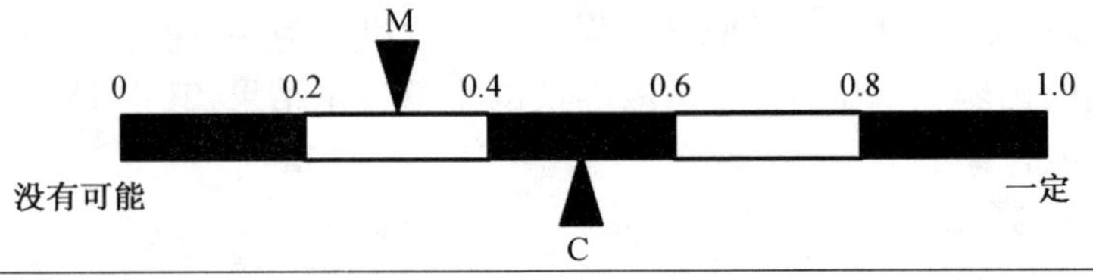

3. 加强 LSO 训练和/或提高 LSO 指挥经验能够提高 LSO 应对该着舰情景能力的概率

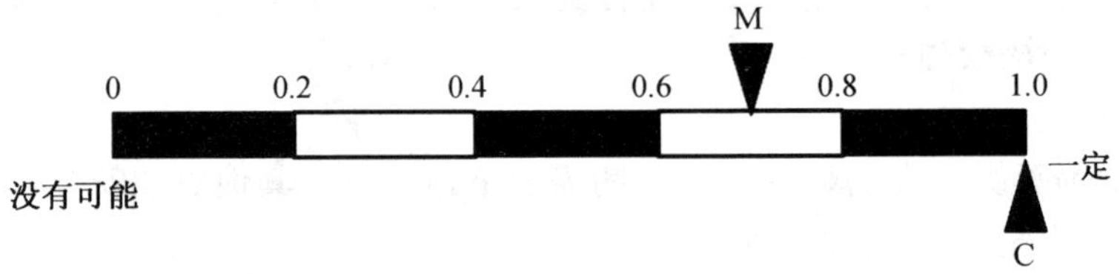

4. 选择能够提高 LSO 应对该着舰情景或相似着舰情景的重要因素

(可以根据需要增加选项)

复飞决策	看不见地平线
识别进场偏差	飞行员经验不足
√及时、正确的使用 LSO 命令	飞行员对 LSO 命令的响应差
√√手动光学助降系统的使用决策情况或使用情况	飞机外形配置异常
LSO 扫视	√登舰压力
LSO 知识(程序、操作规则/限制、飞机特征/限制等)	甲板状态(拥堵/通畅)
√LSO 工作台"团队"的交互/协调	飞机故障
阻拦网回收	不理想的甲板风
"典型的"进场趋势	√与航母空中交通管制中心/主飞行控制中心/LSO 的交互
√√甲板运动	夜间环境

表 A-2 着舰事故 2 讨论结果

1. 事故基本情况

飞机型号	白天/夜间	航母	时间	事故损坏等级	事故经济损失	备注
A-7A	白天	提康德罗家号	1978.11	A	$1,518,000	

2. LSO(主控 LSO 或候补 LSO)能避免事故发生的概率
(C:Cecil 会议结果; M:Miramar 会议结果)

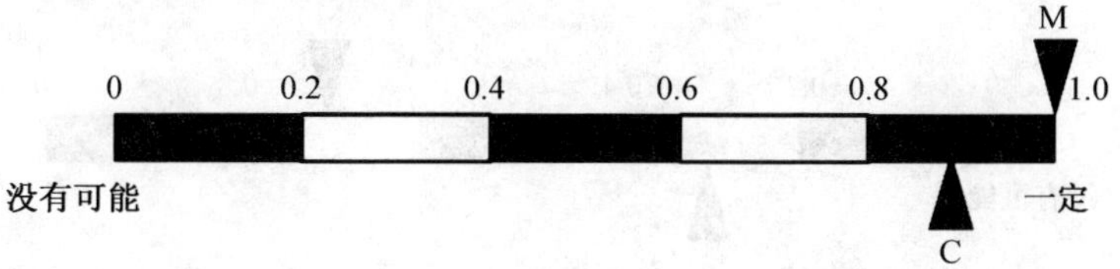

3. 加强 LSO 训练和/或提高 LSO 指挥经验能够提高 LSO 应对该着舰情景能力的概率

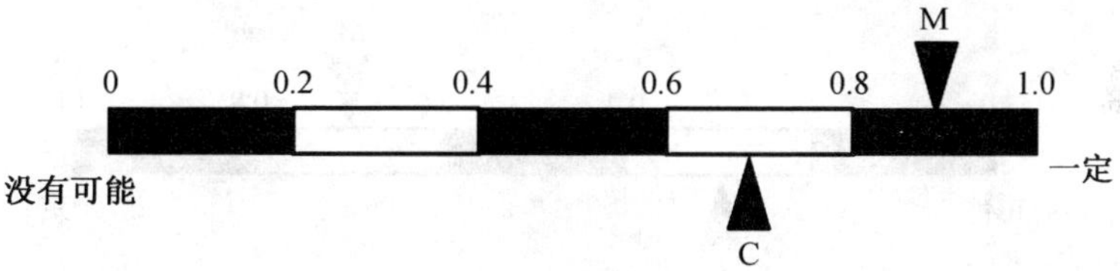

4. 选择能够提高 LSO 应对该着舰情景或相似着舰情景的重要因素
(可以根据需要增加选项)

√√复飞决策	看不见地平线
√识别进场偏差	√√飞行员经验不足
√及时、正确的使用 LSO 命令	飞行员对 LSO 命令的响应差
手动光学助降系统的使用决策情况或使用情况	飞机外形配置异常
√LSO 扫视	√登舰压力
√√LSO 知识(程序、操作规则/限制、飞机特征/限制等)	甲板状态(拥堵/通畅)
√√LSO 工作台“团队”的交互/协调	飞机故障
阻拦网回收	不理想的甲板风
“典型的”进场趋势	与航母空中交通管制中心/主飞行控制中心/LSO 的交互
√√甲板运动	夜间环境

表 A－3　着舰事故 3 讨论结果

1. 事故基本情况

飞机型号	白天/夜间	航母	时间	事故损坏等级	事故经济损失	备注
F－4J	夜间	美国号	1978.6	C	$477,000	无

2. LSO(主控 LSO 或候补 LSO)能避免事故发生的概率
(C:Cecil 会议结果；　　M:Miramar 会议结果)

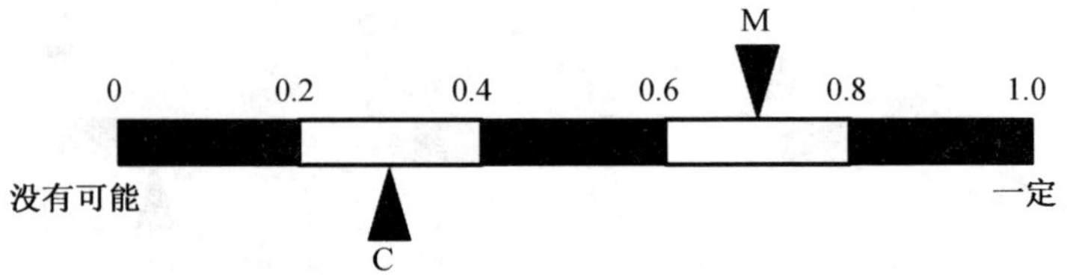

3. 加强 LSO 训练和/或提高 LSO 指挥经验能够提高 LSO 应对该着舰情景能力的概率

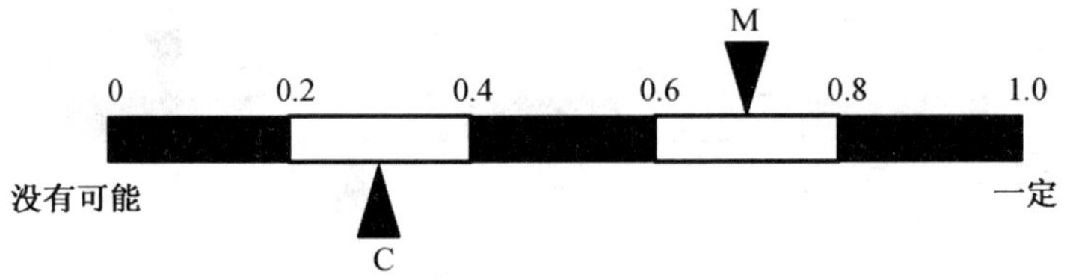

4. 选择能够提高 LSO 应对该着舰情景或相似着舰情景的重要因素
(可以根据需要增加选项)

复飞决策	看不见地平线
识别进场偏差	飞行员经验不足
及时、正确的使用 LSO 命令	飞行员对 LSO 命令的响应差
手动光学助降系统的使用决策情况或使用情况	飞机外形配置异常
LSO 扫视	√登舰压力
√√LSO 知识(程序、操作规则/限制、飞机特征/限制等)	甲板状态(拥堵/通畅)
√√LSO 工作台“团队”的交互/协调	√飞机故障
阻拦网回收	√不理想的甲板风
“典型的”进场趋势	√与航母空中交通管制中心/主飞行控制中心/LSO 的交互
甲板运动	夜间环境
√LSO 工作台的位置 (注:此项为参会人员后加)	

表 A－4　着舰事故 1 讨论结果

1. 事故基本情况

飞机型号	白天/夜间	航母	时间	事故损坏等级	事故经济损失	备注
KA－6D	夜间	中途岛号	1977.12	A	$2,076,000	

2. LSO(主控 LSO 或候补 LSO)能避免事故发生的概率

(C:Cecil 会议结果；　　　M:Miramar 会议结果)

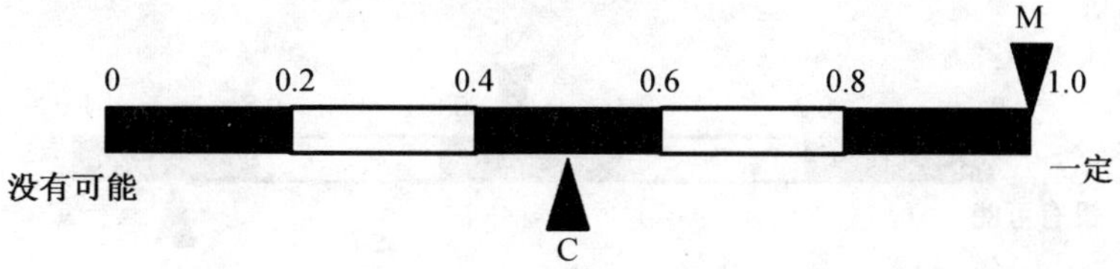

3. 加强 LSO 训练和/或提高 LSO 指挥经验能够提高 LSO 应对该着舰情景能力的概率

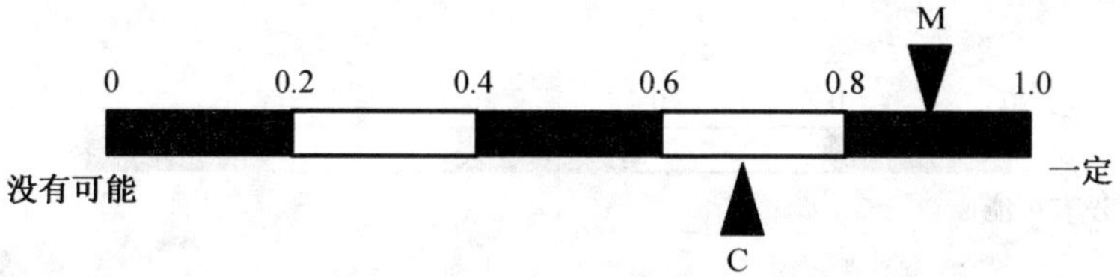

4. 选择能够提高 LSO 应对该着舰情景或相似着舰情景的重要因素

(可以根据需要增加选项)

√复飞决策	看不见地平线
识别进场偏差	√√飞行员经验不足
√及时、正确的使用 LSO 命令	飞行员对 LSO 命令的响应差
手动光学助降系统的使用决策情况或使用情况	飞机外形配置异常
LSO 扫视	登舰压力
LSO 知识(程序、操作规则/限制、飞机特征/限制等)	甲板状态(拥堵/通畅)
√LSO 工作台“团队”的交互/协调	飞机故障
阻拦网回收	不理想的甲板风
“典型的”进场趋势	与航母空中交通管制中心/主飞行控制中心/LSO 的交互
甲板运动	夜间环境
√事故飞机的回收策略决策导致这种条件和进场 (注:此项为参会人员后加)	√√能见度差/雨 (注:此项为参会人员后加)

表 A－5　着舰事故 5 讨论结果

1. 事故基本情况

飞机型号	白天/夜间	航母	时间	事故损坏等级	事故经济损失	备注
F－14A	夜间	美国号	1977.3	A	$13,997,000	

2. LSO(主控 LSO 或候补 LSO)能避免事故发生的概率
(C:Cecil 会议结果;　　　　M:Miramar 会议结果)

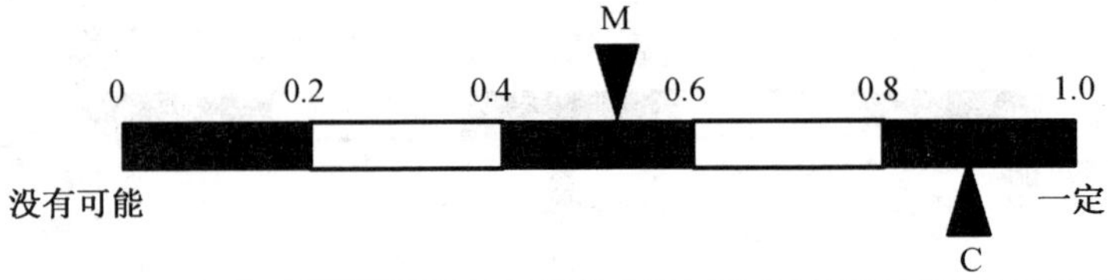

3. 加强 LSO 训练和/或提高 LSO 指挥经验能够提高 LSO 应对该着舰情景能力的概率

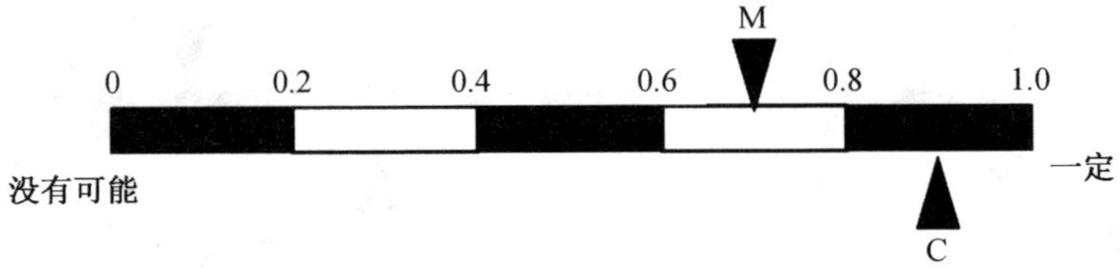

4. 选择能够提高 LSO 应对该着舰情景或相似着舰情景的重要因素
(可以根据需要增加选项)

√√复飞决策	看不见地平线
√识别进场偏差	√飞行员经验不足
√及时、正确的使用 LSO 命令	√飞行员对 LSO 命令的响应差
手动光学助降系统的使用决策情况或使用情况	飞机外形配置异常
LSO 扫视	登舰压力
√LSO 知识(程序、操作规则/限制、飞机特征/限制等)	甲板状态(拥堵/通畅)
√LSO 工作台"团队"的交互/协调	√飞机故障
阻拦网回收	不理想的甲板风
"典型的"进场趋势	与航母空中交通管制中心/主飞行控制中心/LSO 的交互
甲板运动	√夜间环境

表 A－6　着舰事故 6 讨论结果

1. 事故基本情况

飞机型号	白天/夜间	航母	时间	事故损坏等级	事故经济损失	备注
A－7E	夜间	珊瑚海号	1971.11	A	$2,874,000	1 级致命损毁

2. LSO（主控 LSO 或候补 LSO）能避免事故发生的概率

（C：Cecil 会议结果；　　　M：Miramar 会议结果）

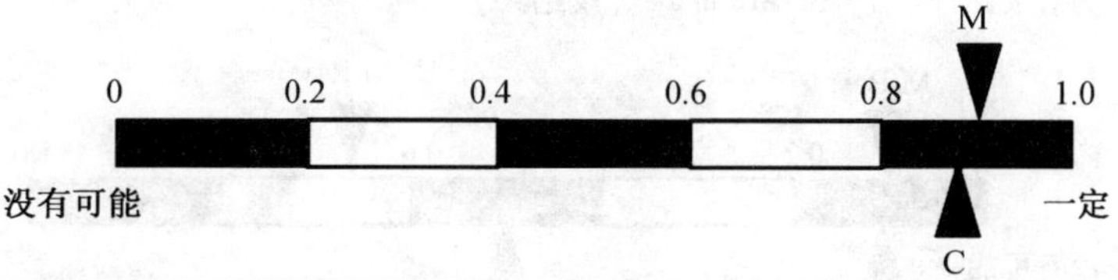

3. 加强 LSO 训练和/或提高 LSO 指挥经验能够提高 LSO 应对该着舰情景能力的概率

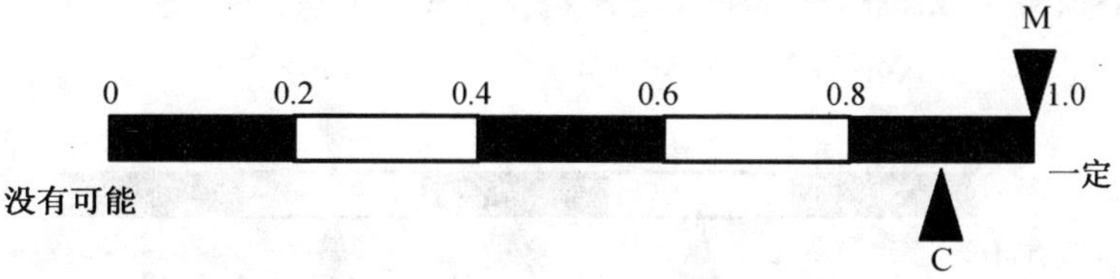

4. 选择能够提高 LSO 应对该着舰情景或相似着舰情景的重要因素

（可以根据需要增加选项）

√√复飞决策	√看不见地平线
√√识别进场偏差	飞行员经验不足
√及时、正确的使用 LSO 命令	√√飞行员对 LSO 命令的响应差
手动光学助降系统的使用决策情况或使用情况	飞机外形配置异常
LSO 扫视	登舰压力
LSO 知识（程序、操作规则/限制、飞机特征/限制等）	甲板状态（拥堵/通畅）
LSO 工作台“团队”的交互/协调	飞机故障
阻拦网回收	不理想的甲板风
“典型的”进场趋势	与航母空中交通管制中心/主飞行控制中心/LSO 的交互
甲板运动	√夜间环境
√√飞行员技能低（注：此项为参会人员后加）	

表 A－7　着舰事故7讨论结果

(注:获得了关于撞击舰尾(Rs)和阻拦网(Bar)的两组评价,效益分析只采用了撞击舰尾的数据)

1. 事故基本情况

飞机型号	白天/夜间	航母	时间	事故损坏等级	事故经济损失	备注
A－7A	夜间	中途岛号	1975.11	C	$143,000	1处主要伤害

2. LSO(主控LSO或候补LSO)能避免事故发生的概率

(C:Cecil会议结果;　　M:Miramar会议结果)

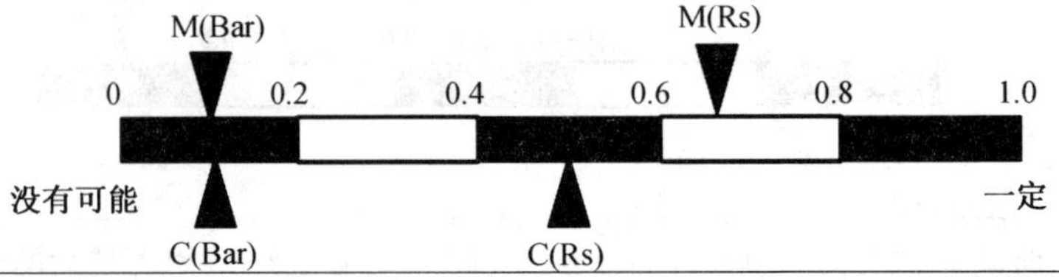

3. 加强LSO训练和/或提高LSO指挥经验能够提高LSO应对该着舰情景能力的概率

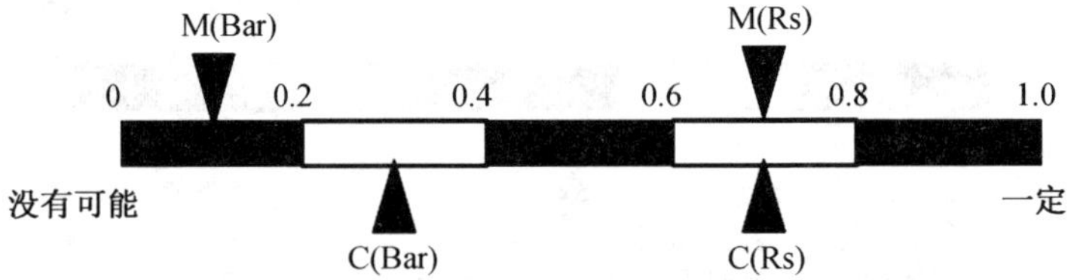

4. 选择能够提高LSO应对该着舰情景或相似着舰情景的重要因素

(可以根据需要增加选项)

(Rs)√√复飞决策	看不见地平线
识别进场偏差	(RS)√√飞行员经验不足
(Rs)√√及时、正确的使用LSO命令	(RS)√√飞行员对LSO命令的响应差
手动光学助降系统的使用决策情况或使用情况	飞机外形配置异常
LSO扫视	(Bar) √登舰压力
(Bar) √LSO知识(程序、操作规则/限制、飞机特征/限制等)	甲板状态(拥堵/通畅)
(Rs) √LSO工作台“团队”的交互/协调	(Bar) √飞机故障
(Bar) √√阻拦网回收	不理想的甲板风
“典型的”进场趋势	(Bar) √√与航母空中交通管制中心/主飞行控制中心/LSO的交互
甲板运动	夜间环境

表 A－8　着舰事故 8 讨论结果

1. 事故基本情况

飞机型号	白天/夜间	航母	时间	事故损坏等级	事故经济损失	备注
F－4J	白天	萨拉托加号	1975.1	C	$477,000	无

2. LSO（主控 LSO 或候补 LSO）能避免事故发生的概率
（C:Cecil 会议结果；　　M:Miramar 会议结果）

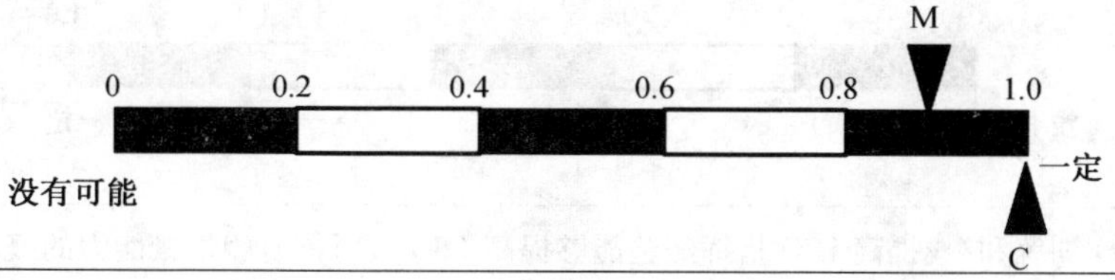

3. 加强 LSO 训练和/或提高 LSO 指挥经验能够提高 LSO 应对该着舰情景能力的概率

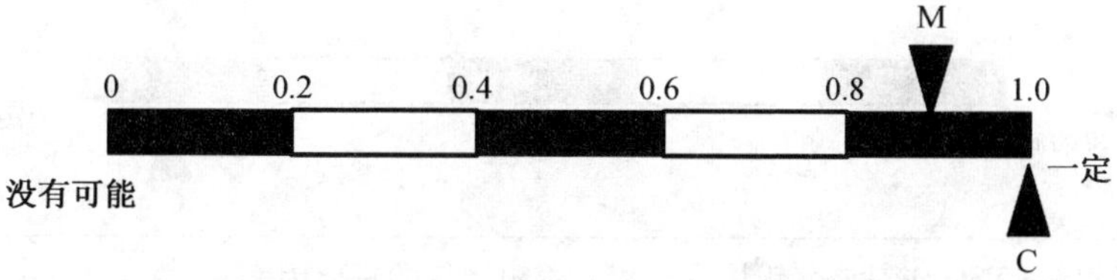

4. 选择能够提高 LSO 应对该着舰情景或相似着舰情景的重要因素
（可以根据需要增加选项）

√√复飞决策	看不见地平线
识别进场偏差	飞行员经验不足
√及时、正确的使用 LSO 命令	√飞行员对 LSO 命令的响应差
手动光学助降系统的使用决策情况或使用情况	飞机外形配置异常
LSO 扫视	登舰压力
√LSO 知识（程序、操作规则/限制、飞机特征/限制等）	√甲板状态（拥堵/通畅）
√LSO 工作台"团队"的交互/协调	飞机故障
阻拦网回收	不理想的甲板风
"典型的"进场趋势	与航母空中交通管制中心/主飞行控制中心/LSO 的交互
甲板运动	夜间环境

表 A-9　着舰事故9讨论结果

1. 事故基本情况

飞机型号	白天/夜间	航母	时间	事故损坏等级	事故经济损失	备注
F-4J	夜间	星座号	1972.12	C	$477,000	1处主要伤害

2. LSO(主控LSO或候补LSO)能避免事故发生的概率
(C:Cecil会议结果;　　M:Miramar会议结果)

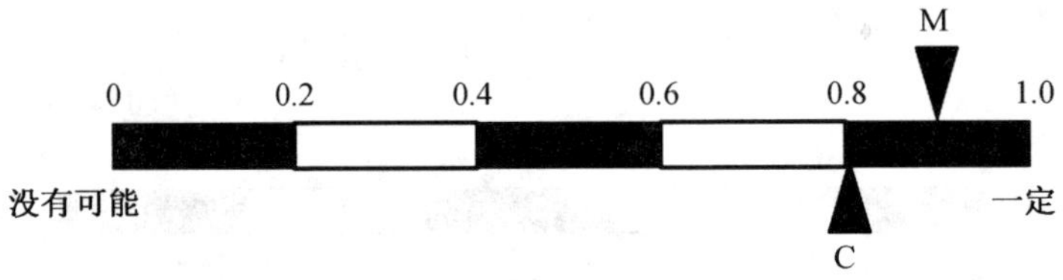

3. 加强LSO训练和/或提高LSO指挥经验能够提高LSO应对该着舰情景能力的概率

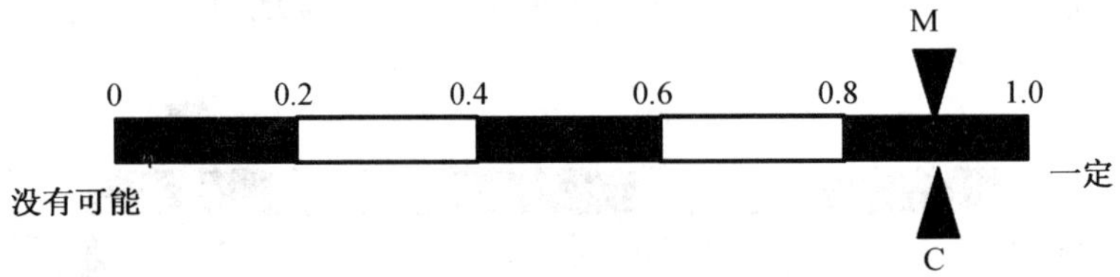

4. 选择能够提高LSO应对该着舰情景或相似着舰情景的重要因素
(可以根据需要增加选项)

√复飞决策	看不见地平线
√√识别进场偏差	飞行员经验不足
及时、正确的使用LSO命令	√飞行员对LSO命令的响应差
手动光学助降系统的使用决策情况或使用情况	飞机外形配置异常
LSO扫视	登舰压力
LSO知识(程序、操作规则/限制、飞机特征/限制等)	甲板状态(拥堵/通畅)
√√LSO工作台“团队”的交互/协调	飞机故障
阻拦网回收	不理想的甲板风
“典型的”进场趋势	与航母空中交通管制中心/主飞行控制中心/LSO的交互
甲板运动	夜间环境
√LSO工作台的位置 (注:此项为参会人员后加)	√飞行员技术低(已知) (注:此项为参会人员后加)

表 A－10　着舰事故 10 讨论结果

1. 事故基本情况

飞机型号	白天/夜间	航母	时间	事故损坏等级	事故经济损失	备注
A－7E	夜间	独立号	1971.7	A	$2,874,000	

2. LSO(主控 LSO 或候补 LSO)能避免事故发生的概率

(C:Cecil 会议结果；　　M:Miramar 会议结果)

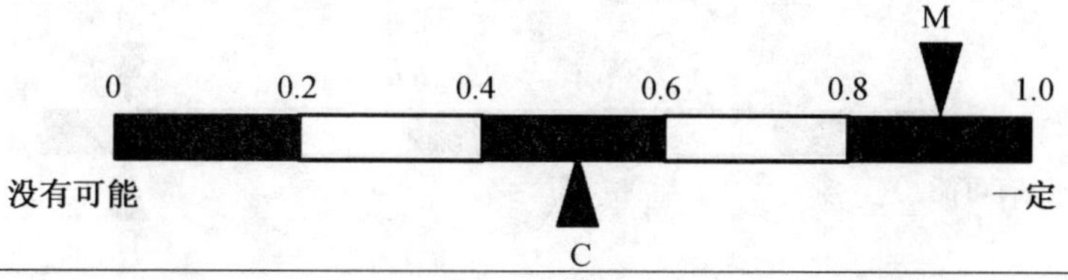

3. 加强 LSO 训练和/或提高 LSO 指挥经验能够提高 LSO 应对该着舰情景能力的概率

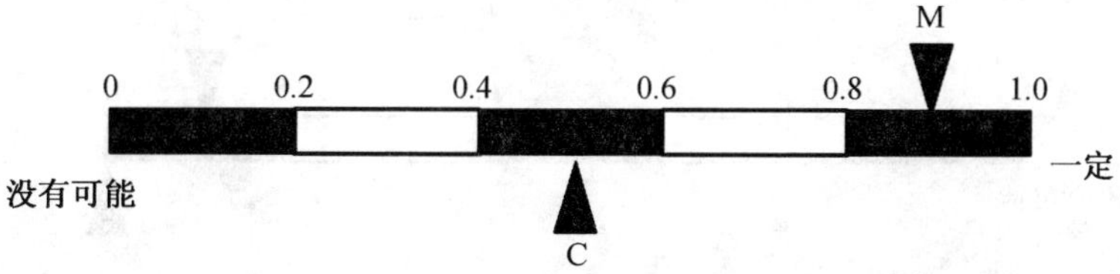

4. 选择能够提高 LSO 应对该着舰情景或相似着舰情景的重要因素

(可以根据需要增加选项)

√√复飞决策	看不见地平线
√识别进场偏差	飞行员经验不足
及时、正确的使用 LSO 命令	飞行员对 LSO 命令的响应差
手动光学助降系统的使用决策情况或使用情况	飞机外形配置异常
LSO 扫视	登舰压力
√LSO 知识(程序、操作规则/限制、飞机特征/限制等)	甲板状态(拥堵/通畅)
LSO 工作台“团队”的交互/协调	√√飞机故障
阻拦网回收	不理想的甲板风
√√“典型的”进场趋势	与航母空中交通管制中心/主飞行控制中心/LSO 的交互
甲板运动	夜间环境

表 A－11　着舰事故 3 讨论结果

1. 事故基本情况

飞机型号	白天/夜间	航母	时间	事故损坏等级	事故经济损失	备注
A－7E	夜间	星座号	1972.11	C	$143,000	

2. LSO（主控 LSO 或候补 LSO）能避免事故发生的概率

（C：Cecil 会议结果；　　　M：Miramar 会议结果）

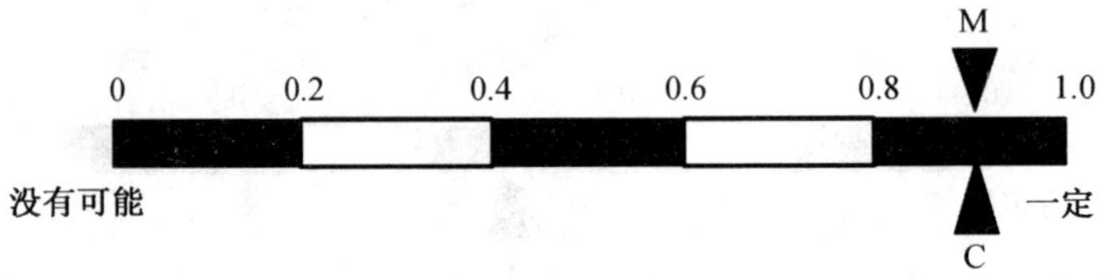

3. 加强 LSO 训练和/或提高 LSO 指挥经验能够提高 LSO 应对该着舰情景能力的概率

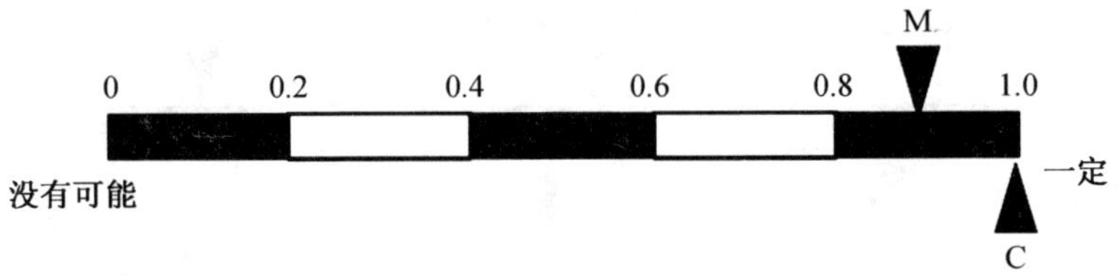

4. 选择能够提高 LSO 应对该着舰情景或相似着舰情景的重要因素

（可以根据需要增加选项）

√√复飞决策	看不见地平线
√√识别进场偏差	飞行员经验不足
及时、正确的使用 LSO 命令	飞行员对 LSO 命令的响应差
手动光学助降系统的使用决策情况或使用情况	飞机外形配置异常
LSO 扫视	登舰压力
LSO 知识（程序、操作规则/限制、飞机特征/限制等）	甲板状态（拥堵/通畅）
√√LSO 工作台“团队”的交互/协调	飞机故障
阻拦网回收	√√不理想的甲板风
“典型的”进场趋势	与航母空中交通管制中心/主飞行控制中心/LSO 的交互
√√甲板运动	夜间环境
√LSO 工作台的位置 （注：此项为参会人员后加）	

表 A－12　着舰事故 1 讨论结果

1. 事故基本情况

飞机型号	白天/夜间	航母	时间	事故损坏等级	事故经济损失	备注
F－4J	夜间	独立号	1977.5	A	$2,510,000	2 级致命损毁

2. LSO(主控 LSO 或候补 LSO)能避免事故发生的概率

(C:Cecil 会议结果；　　　M:Miramar 会议结果)

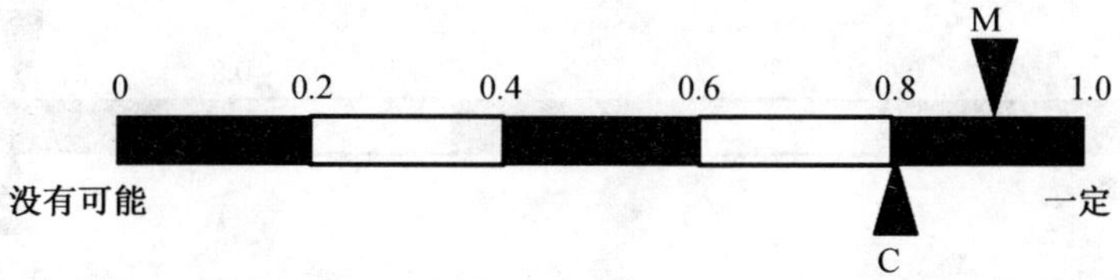

3. 加强 LSO 训练和/或提高 LSO 指挥经验能够提高 LSO 应对该着舰情景能力的概率

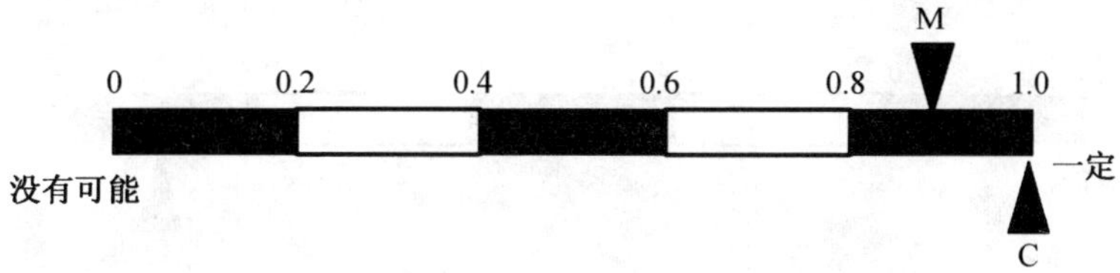

4. 选择能够提高 LSO 应对该着舰情景或相似着舰情景的重要因素

(可以根据需要增加选项)

复飞决策	看不见地平线
√识别进场偏差	飞行员经验不足
及时、正确的使用 LSO 命令	飞行员对 LSO 命令的响应差
手动光学助降系统的使用决策情况或使用情况	√√飞机外形配置异常
LSO 扫视	√√登舰压力
√√LSO 知识(程序、操作规则/限制、飞机特征/限制等)	甲板状态(拥堵/通畅)
√LSO 工作台“团队”的交互/协调	√√飞机故障
√√阻拦网回收	不理想的甲板风
“典型的”进场趋势	√√与航母空中交通管制中心/主飞行控制中心/LSO 的交互
甲板运动	夜间环境

表 A－13　着舰事故 13 讨论结果

1. 事故基本情况

飞机型号	白天/夜间	航母	时间	事故损坏等级	事故经济损失	备注
A－7E	夜间	企业号	1972.11	A	$2,874,000	

2. LSO(主控 LSO 或候补 LSO)能避免事故发生的概率
(C:Cecil 会议结果；　　　M:Miramar 会议结果)

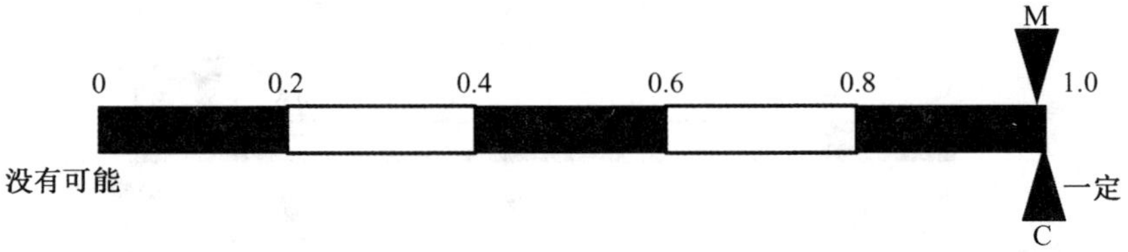

3. 加强 LSO 训练和/或提高 LSO 指挥经验能够提高 LSO 应对该着舰情景能力的概率

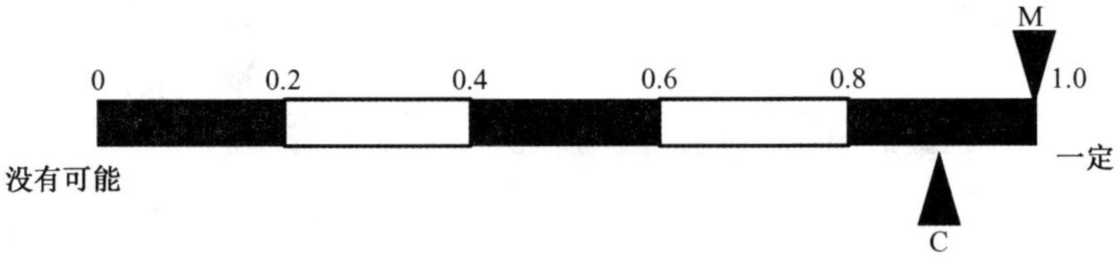

4. 选择能够提高 LSO 应对该着舰情景或相似着舰情景的重要因素
(可以根据需要增加选项)

√√复飞决策	√看不见地平线
√识别进场偏差	飞行员经验不足
√√及时、正确的使用 LSO 命令	√√飞行员对 LSO 命令的响应差
手动光学助降系统的使用决策情况或使用情况	飞机外形配置异常
LSO 扫视	登舰压力
LSO 知识(程序、操作规则/限制、飞机特征/限制等)	甲板状态(拥堵/通畅)
√√LSO 工作台“团队”的交互/协调	飞机故障
阻拦网回收	不理想的甲板风
√√“典型的”进场趋势	与航母空中交通管制中心/主飞行控制中心/LSO 的交互
甲板运动	夜间环境

表 A－14　着舰事故 14 讨论结果

1. 事故基本情况

飞机型号	白天/夜间	航母	时间	事故损坏等级	事故经济损失	备注
A－7A	夜间	游骑兵号	1976. 11	A	$1, 518, 000	美国海军后备队

2. LSO(主控 LSO 或候补 LSO)能避免事故发生的概率

(C:Cecil 会议结果；　　　　M:Miramar 会议结果)

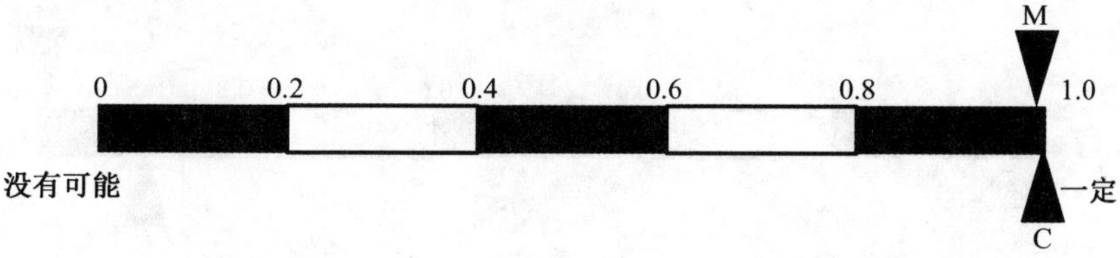

3. 加强 LSO 训练和/或提高 LSO 指挥经验能够提高 LSO 应对该着舰情景能力的概率

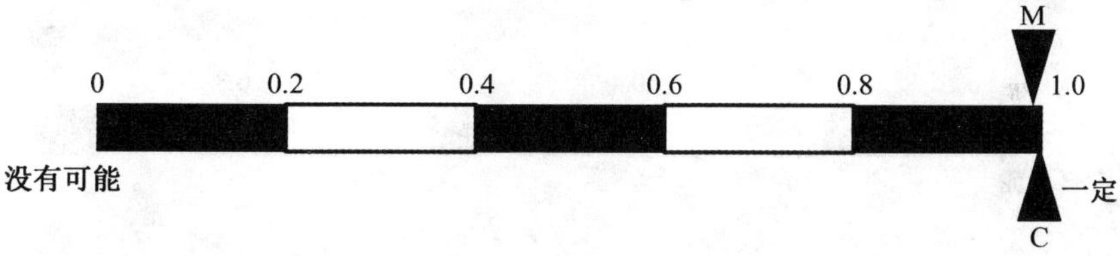

4. 选择能够提高 LSO 应对该着舰情景或相似着舰情景的重要因素

(可以根据需要增加选项)

√复飞决策	看不见地平线
识别进场偏差	√飞行员经验不足
√√及时、正确的使用 LSO 命令	飞行员对 LSO 命令的响应差
手动光学助降系统的使用决策情况或使用情况	飞机外形配置异常
LSO 扫视	√登舰压力
LSO 知识(程序、操作规则/限制、飞机特征/限制等)	甲板状态(拥堵/通畅)
LSO 工作台"团队"的交互/协调	√飞机故障
阻拦网回收	不理想的甲板风
"典型的"进场趋势	与航母空中交通管制中心/主飞行控制中心/LSO 的交互
甲板运动	夜间环境
√指挥命令不标准 (注:此项为参会人员后加)	√LSO 通过无线电引导降落 (注:此项为参会人员后加)

表 A－15　着舰事故 15 讨论结果

1. 事故基本情况

飞机型号	白天/夜间	航母	时间	事故损坏等级	事故经济损失	备注
F－4B	夜间	肯尼迪号	1972.8	C	$300,000	无

2. LSO(主控 LSO 或候补 LSO)能避免事故发生的概率
(C:Cecil 会议结果；　　　M:Miramar 会议结果)

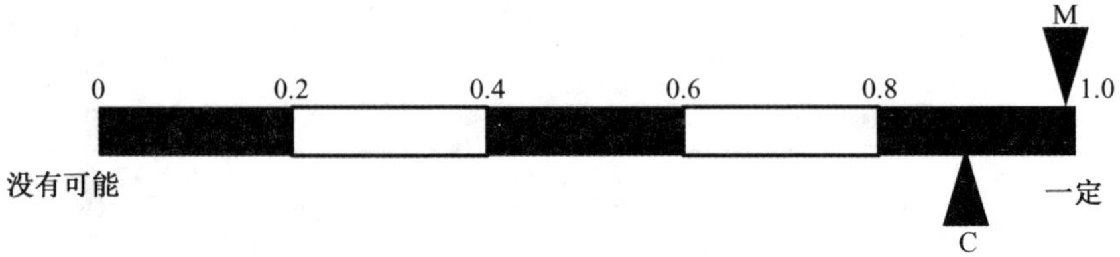

3. 加强 LSO 训练和/或提高 LSO 指挥经验能够提高 LSO 应对该着舰情景能力的概率

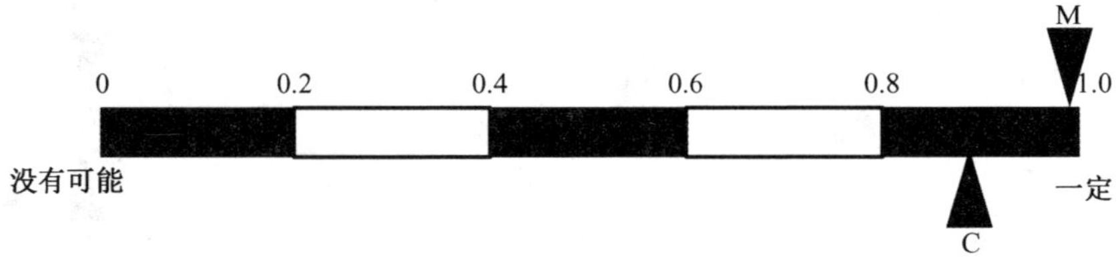

4. 选择能够提高 LSO 应对该着舰情景或相似着舰情景的重要因素
(可以根据需要增加选项)

√√复飞决策	看不见地平线
√√识别进场偏差	√飞行员经验不足
√√及时、正确的使用 LSO 命令	√飞行员对 LSO 命令的响应差
手动光学助降系统的使用决策情况或使用情况	飞机外形配置异常
LSO 扫视	登舰压力
LSO 知识(程序、操作规则/限制、飞机特征/限制等)	甲板状态(拥堵/通畅)
√LSO 工作台"团队"的交互/协调	飞机故障
阻拦网回收	不理想的甲板风
√"典型的"进场趋势	与航母空中交通管制中心/主飞行控制中心/LSO 的交互
甲板运动	夜间环境
√飞行员技术不熟练 (注:此项为参会人员后加)	

表 A－16 着舰事故 16 讨论结果

1. 事故基本情况

飞机型号	白天/夜间	航母	时间	事故损坏等级	事故经济损失	备注
F－14A	夜间	尼米兹号	1977.10	A	$13,997,000	

2. LSO(主控 LSO 或候补 LSO)能避免事故发生的概率

(C:Cecil 会议结果;　　　M:Miramar 会议结果)

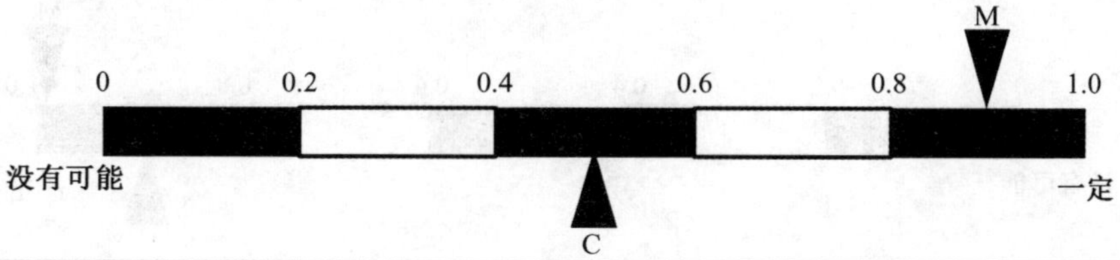

3. 加强 LSO 训练和/或提高 LSO 指挥经验能够提高 LSO 应对该着舰情景能力的概率

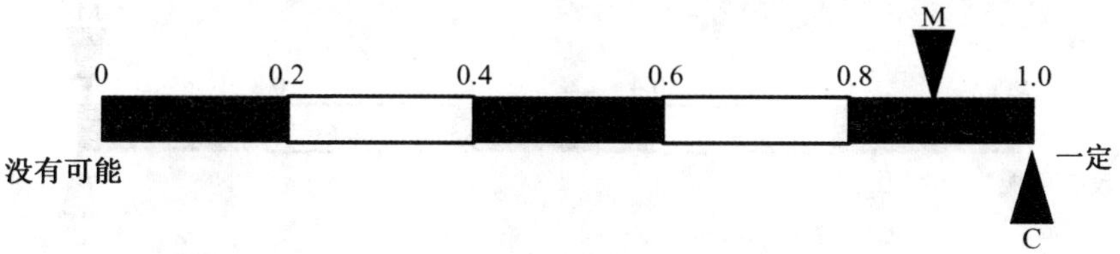

4. 选择能够提高 LSO 应对该着舰情景或相似着舰情景的重要因素

(可以根据需要增加选项)

√√复飞决策	看不见地平线
√√识别进场偏差	√飞行员经验不足
√及时、正确的使用 LSO 命令	√飞行员对 LSO 命令的响应差
手动光学助降系统的使用决策情况或使用情况	飞机外形配置异常
LSO 扫视	登舰压力
√LSO 知识(程序、操作规则/限制、飞机特征/限制等)	甲板状态(拥堵/通畅)
√LSO 工作台"团队"的交互/协调	飞机故障
阻拦网回收	不理想的甲板风
√"典型的"进场趋势	与航母空中交通管制中心/主飞行控制中心/LSO 的交互
甲板运动	夜间环境
√航母助降系统故障 (注:此项为参会人员后加)	

表 A-17　着舰事故 17 讨论结果

1. 事故基本情况

飞机型号	白天/夜间	航母	时间	事故损坏等级	事故经济损失	备注
F-4J	黄昏	小鹰号	1972.4	C	$477,000	

2. LSO(主控 LSO 或候补 LSO)能避免事故发生的概率
(C:Cecil 会议结果；　　　　M:Miramar 会议结果)

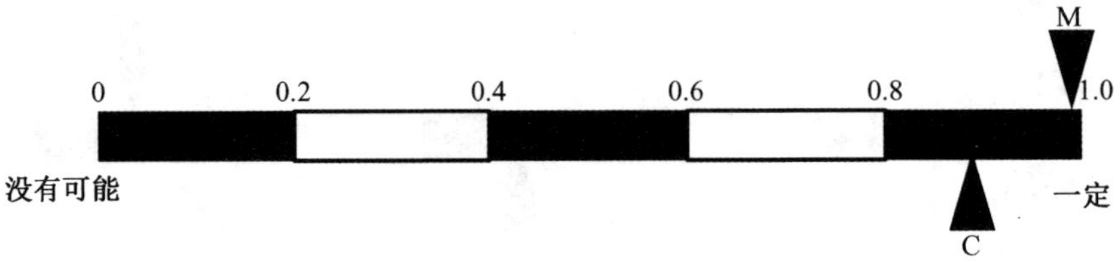

3. 加强 LSO 训练和/或提高 LSO 指挥经验能够提高 LSO 应对该着舰情景能力的概率

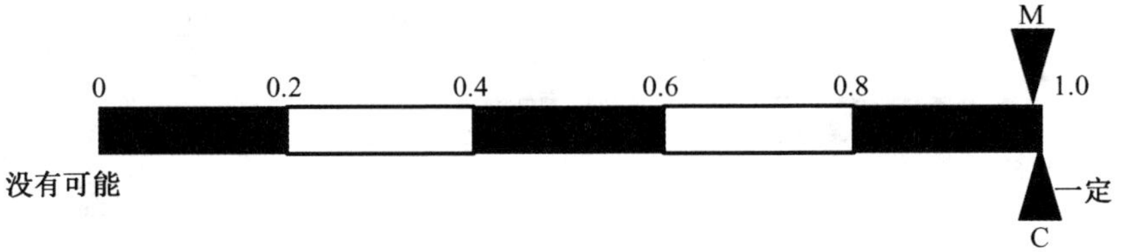

4. 选择能够提高 LSO 应对该着舰情景或相似着舰情景的重要因素
(可以根据需要增加选项)

√√复飞决策	看不见地平线
√√识别进场偏差	√飞行员经验不足
√及时、正确的使用 LSO 命令	飞行员对 LSO 命令的响应差
手动光学助降系统的使用决策情况或使用情况	飞机外形配置异常
LSO 扫视	登舰压力
√LSO 知识(程序、操作规则/限制、飞机特征/限制等)	甲板状态(拥堵/通畅)
√LSO 工作台“团队”的交互/协调	飞机故障
阻拦网回收	不理想的甲板风
√√“典型的”进场趋势	与航母空中交通管制中心/主飞行控制中心/LSO 的交互
甲板运动	夜间环境
√飞行员技能低(已知) (注:此项为参会人员后加)	√天气/雨 (注:此项为参会人员后加)

表 A－18　着舰事故 18 讨论结果

1. 事故基本情况

飞机型号	白天/夜间	航母	时间	事故损坏等级	事故经济损失	备注
F－4J	夜间	萨拉托加号	1978.8	C	$477,000	

2. LSO（主控 LSO 或候补 LSO）能避免事故发生的概率
（C：Cecil 会议结果；　　M：Miramar 会议结果）

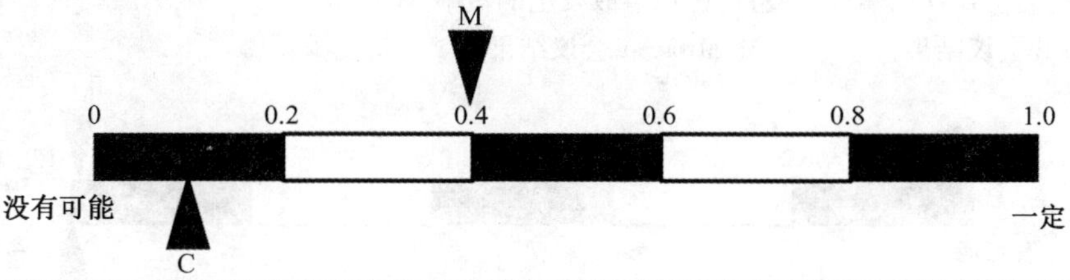

3. 加强 LSO 训练和/或提高 LSO 指挥经验能够提高 LSO 应对该着舰情景能力的概率

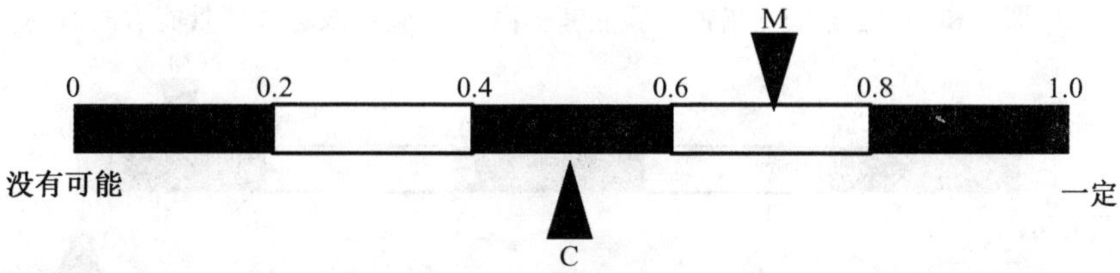

4. 选择能够提高 LSO 应对该着舰情景或相似着舰情景的重要因素
（可以根据需要增加选项）

复飞决策	看不见地平线
识别进场偏差	飞行员经验不足
及时、正确的使用 LSO 命令	飞行员对 LSO 命令的响应差
√√手动光学助降系统的使用决策情况或使用情况	飞机外形配置异常
LSO 扫视	登舰压力
√LSO 知识（程序、操作规则/限制、飞机特征/限制等）	甲板状态（拥堵/通畅）
LSO 工作台“团队”的交互/协调	飞机故障
阻拦网回收	√√不理想的甲板风
“典型的”进场趋势	与航母空中交通管制中心/主飞行控制中心/LSO 的交互
甲板运动	夜间环境

表 A－19 着舰事故 1 讨论结果

1. 事故基本情况

飞机型号	白天/夜间	航母	时间	事故损坏等级	事故经济损失	备注
TA－4J	白天	列克星敦号	1976.1	C	$122, 000	

2. LSO(主控 LSO 或候补 LSO)能避免事故发生的概率
(C:Cecil 会议结果；　　M:Miramar 会议结果)

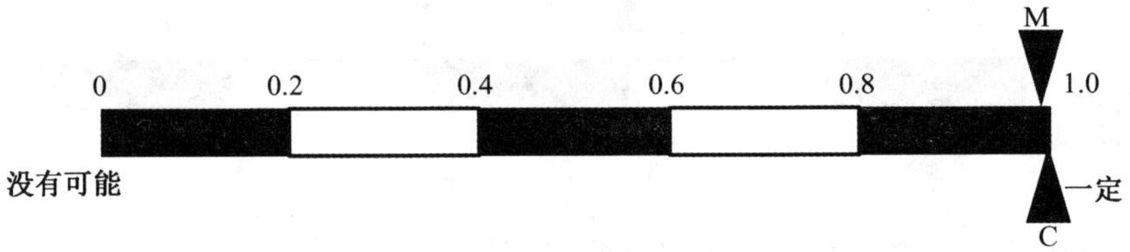

3. 加强 LSO 训练和/或提高 LSO 指挥经验能够提高 LSO 应对该着舰情景能力的概率

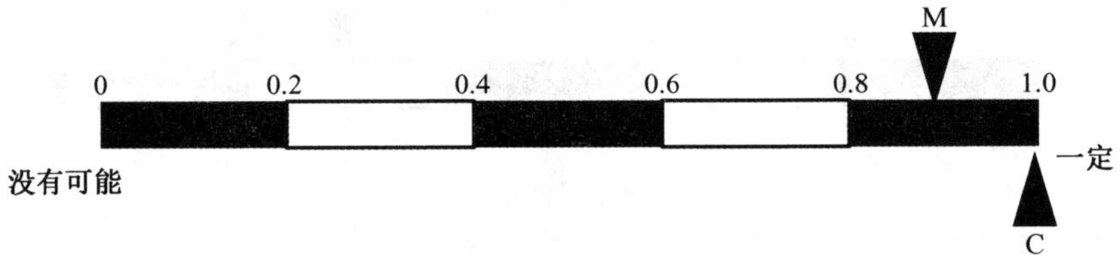

4. 选择能够提高 LSO 应对该着舰情景或相似着舰情景的重要因素
(可以根据需要增加选项)

√√复飞决策	看不见地平线
识别进场偏差	√√飞行员经验不足
及时、正确的使用 LSO 命令	√飞行员对 LSO 命令的响应差
手动光学助降系统的使用决策情况或使用情况	飞机外形配置异常
LSO 扫视	登舰压力
√LSO 知识(程序、操作规则/限制、飞机特征/限制等)	√√甲板状态(拥堵/通畅)
√√LSO 工作台"团队"的交互/协调	飞机故障
阻拦网回收	不理想的甲板风
"典型的"进场趋势	与航母空中交通管制中心/主飞行控制中心/LSO 的交互
甲板运动	夜间环境

表 A－20　着舰事故 20 讨论结果

1. 事故基本情况

飞机型号	白天/夜间	航母	时间	事故损坏等级	事故经济损失	备注
A－6A	夜间	中途岛号	1972. 10	A	\$3, 712, 000	5 级致命伤害 12 处主要伤害

2. LSO（主控 LSO 或候补 LSO）能避免事故发生的概率

（C：Cecil 会议结果；　　　M：Miramar 会议结果）

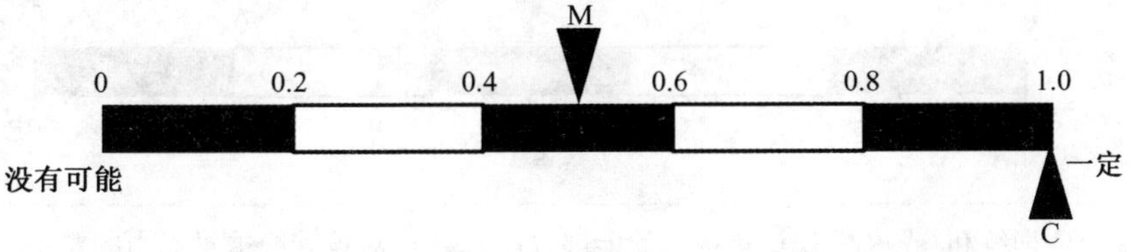

3. 加强 LSO 训练和/或提高 LSO 指挥经验能够提高 LSO 应对该着舰情景能力的概率

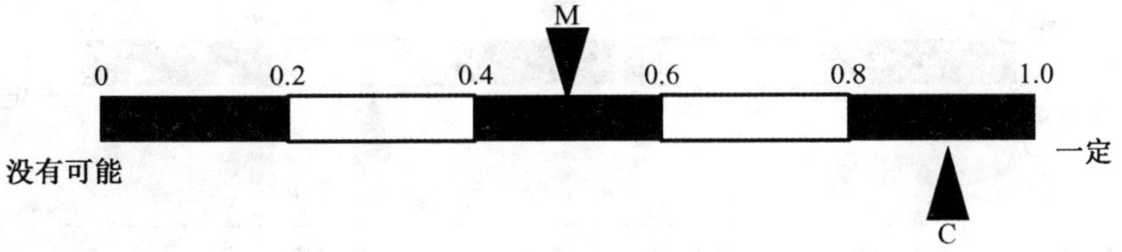

4. 选择能够提高 LSO 应对该着舰情景或相似着舰情景的重要因素

（可以根据需要增加选项）

√复飞决策	看不见地平线
识别进场偏差	飞行员经验不足
√及时、正确的使用 LSO 命令	√飞行员对 LSO 命令的响应差
手动光学助降系统的使用决策情况或使用情况	飞机外形配置异常
LSO 扫视	√登舰压力
√LSO 知识（程序、操作规则/限制、飞机特征/限制等）	甲板状态（拥堵/通畅）
LSO 工作台“团队”的交互/协调	√飞机故障
阻拦网回收	√√不理想的甲板风
“典型的”进场趋势	√与航母空中交通管制中心/主飞行控制中心/LSO 的交互
√甲板运动	夜间环境

表 A－21　着舰事故3讨论结果

1. 事故基本情况

飞机型号	白天/夜间	航母	时间	事故损坏等级	事故经济损失	备注
F－4B	夜间	珊瑚海号	1972.1	C	$300,000	

2. LSO(主控LSO或候补LSO)能避免事故发生的概率
(C:Cecil会议结果；　　M:Miramar会议结果)

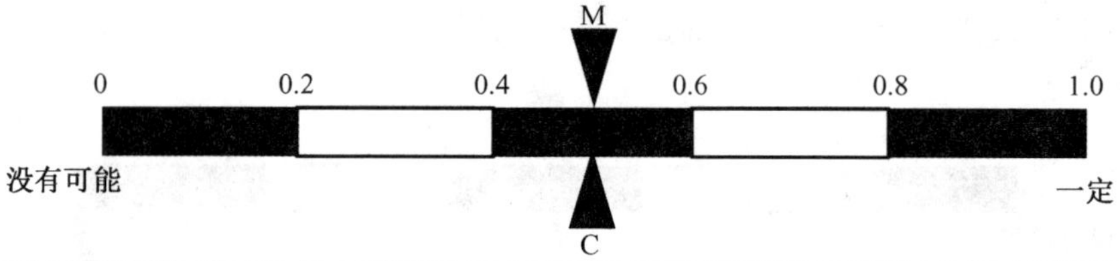

3. 加强LSO训练和/或提高LSO指挥经验能够提高LSO应对该着舰情景能力的概率

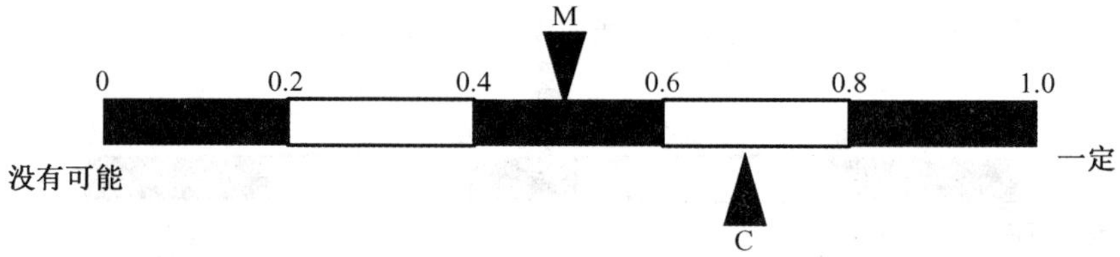

4. 选择能够提高LSO应对该着舰情景或相似着舰情景的重要因素
(可以根据需要增加选项)

√复飞决策	看不见地平线
识别进场偏差	飞行员经验不足
√及时、正确的使用LSO命令	飞行员对LSO命令的响应差
手动光学助降系统的使用决策情况或使用情况	飞机外形配置异常
LSO扫视	登舰压力
√LSO知识(程序、操作规则/限制、飞机特征/限制等)	甲板状态(拥堵/通畅)
LSO工作台"团队"的交互/协调	飞机故障
阻拦网回收	√√不理想的甲板风
√√"典型的"进场趋势	√与航母空中交通管制中心/主飞行控制中心/LSO的交互
甲板运动	夜间环境
√航母鱼尾状摇摆 (注:此项为参会人员后加)	

表 A－22　着舰事故 22 讨论结果

1. 事故基本情况

飞机型号	白天/夜间	航母	时间	事故损坏等级	事故经济损失	备注
TA－4J	白天	列克星敦号	1978.5	C	$122,000	

2. LSO(主控 LSO 或候补 LSO)能避免事故发生的概率

(C:Cecil 会议结果；　　　M:Miramar 会议结果)

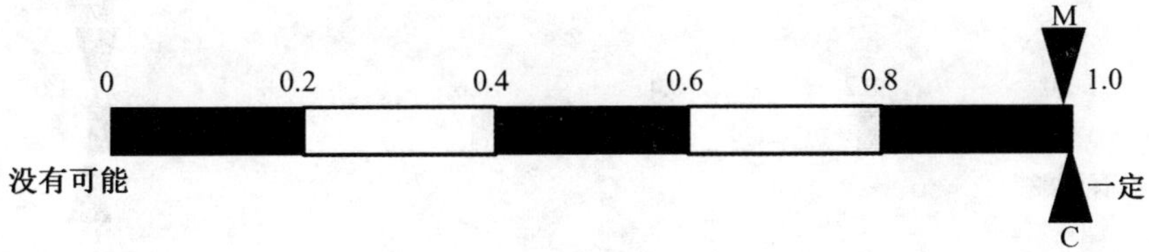

3. 加强 LSO 训练和/或提高 LSO 指挥经验能够提高 LSO 应对该着舰情景能力的概率

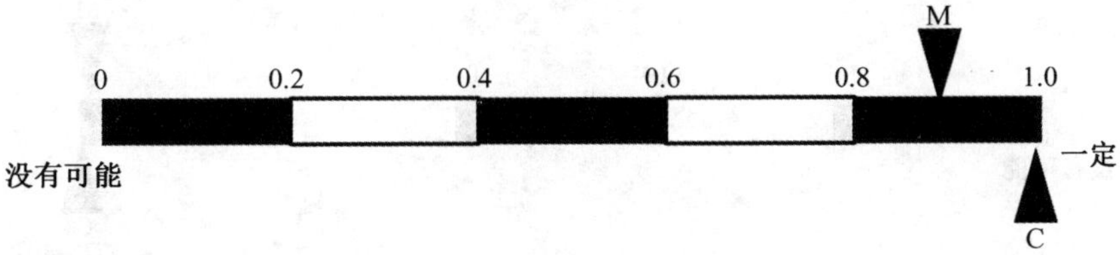

4. 选择能够提高 LSO 应对该着舰情景或相似着舰情景的重要因素

(可以根据需要增加选项)

√√复飞决策	看不见地平线
√识别进场偏差	√√飞行员经验不足
√√及时、正确的使用 LSO 命令	√飞行员对 LSO 命令的响应差
手动光学助降系统的使用决策情况或使用情况	飞机外形配置异常
LSO 扫视	登舰压力
LSO 知识(程序、操作规则/限制、飞机特征/限制等)	甲板状态(拥堵/通畅)
√LSO 工作台"团队"的交互/协调	飞机故障
阻拦网回收	不理想的甲板风
"典型的"进场趋势	与航母空中交通管制中心/主飞行控制中心/LSO 的交互
甲板运动	夜间环境

表 A－23　着舰事故 23 讨论结果

1. 事故基本情况

飞机型号	白天/夜间	航母	时间	事故损坏等级	事故经济损失	备注
A－7E	夜间	列克星敦号	1972. 11	A	$2, 874, 000	

2. LSO(主控 LSO 或候补 LSO)能避免事故发生的概率
(C：Cecil 会议结果；　　　M：Miramar 会议结果)

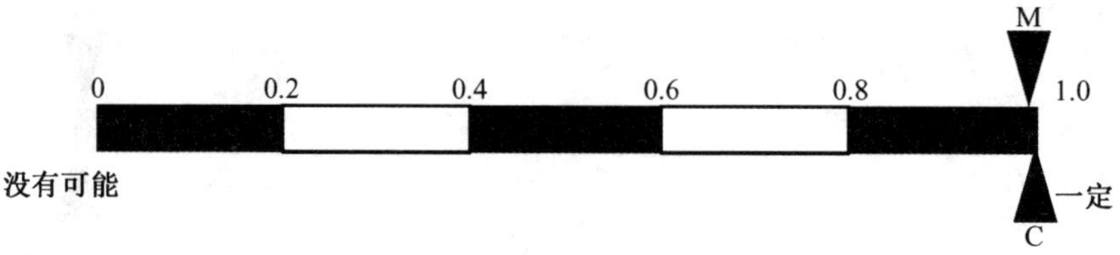

3. 加强 LSO 训练和/或提高 LSO 指挥经验能够提高 LSO 应对该着舰情景能力的概率

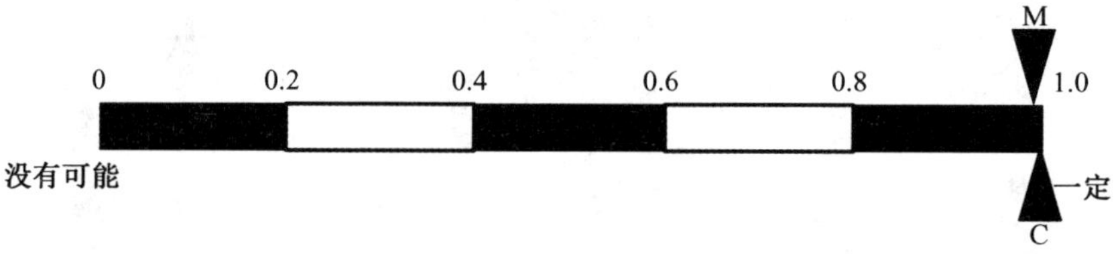

4. 选择能够提高 LSO 应对该着舰情景或相似着舰情景的重要因素
(可以根据需要增加选项)

√√复飞决策	看不见地平线
√识别进场偏差	√飞行员经验不足
√√及时、正确的使用 LSO 命令	飞行员对 LSO 命令的响应差
手动光学助降系统的使用决策情况或使用情况	飞机外形配置异常
LSO 扫视	登舰压力
LSO 知识(程序、操作规则/限制、飞机特征/限制等)	甲板状态(拥堵/通畅)
LSO 工作台“团队”的交互/协调	飞机故障
阻拦网回收	不理想的甲板风
“典型的”进场趋势	与航母空中交通管制中心/主飞行控制中心/LSO 的交互
甲板运动	夜间环境
	√LSO 遵循先前的经验

表 A－24　着舰事故 24 讨论结果

1. 事故基本情况

飞机型号	白天/夜间	航母	时间	事故损坏等级	事故经济损失	备注
A－7E	夜间	企业号	1976.4	A	$2,874,000	2 级致命损害

2. LSO(主控 LSO 或候补 LSO)能避免事故发生的概率

(C:Cecil 会议结果；　　M:Miramar 会议结果)

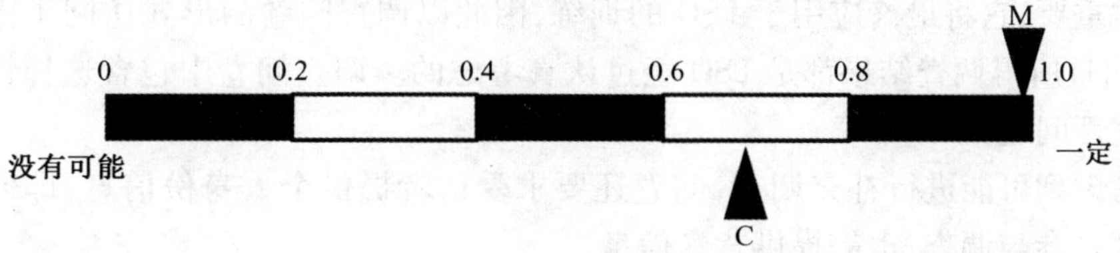

3. 加强 LSO 训练和/或提高 LSO 指挥经验能够提高 LSO 应对该着舰情景能力的概率

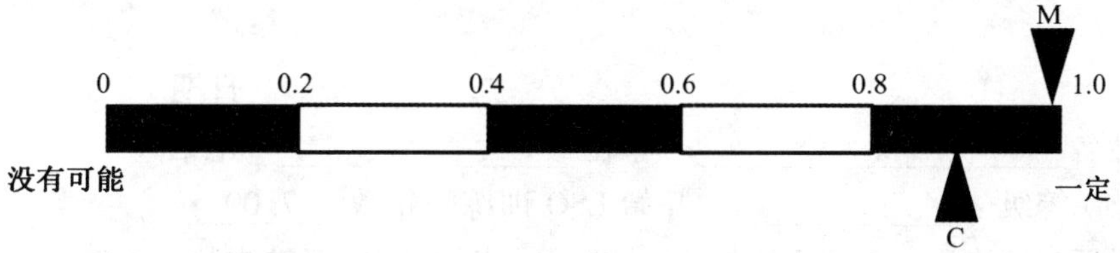

4. 选择能够提高 LSO 应对该着舰情景或相似着舰情景的重要因素

(可以根据需要增加选项)

√√复飞决策	看不见地平线
√识别进场偏差	√飞行员经验不足
及时、正确的使用 LSO 命令	飞行员对 LSO 命令的响应差
手动光学助降系统的使用决策情况或使用情况	飞机外形配置异常
LSO 扫视	登舰压力
√LSO 知识(程序、操作规则/限制、飞机特征/限制等)	甲板状态(拥堵/通畅)
LSO 工作台"团队"的交互/协调	飞机故障
阻拦网回收	不理想的甲板风
"典型的"进场趋势	与航母空中交通管制中心/主飞行控制中心/LSO 的交互
甲板运动	夜间环境
√鱼雷快艇影响 (注:此项为参会人员后加)	√放弃判断 (注:此项为参会人员后加)

附录B　LSO训练调查问卷及结果

美国海军训练装备中心(NTEC)与LSO训练模型管理中心开展了指挥操作中重要影响因素的调研工作,这对于受训者晋级成为LSO是十分重要的。为了支撑该项目,受NTEC委托,Mathetics公司对LSO们进行了调查。因为这项调查的结果非常重要,它将最终应用于LSO的训练,因此以调查问卷的形式访问了大量的LSO,而且所得调查结果都是LSO经过认真考虑的。调查问卷中包含选择性问题和描述性问题。

考虑到可能进行补充调查,问卷还要求受访者提供个人身份信息,即使受访者以匿名参与调查,也需提供背景信息。

下面给出调查问卷的格式。

日期

姓名____________________　单位__________________　电话

LSO等级 __________　开始LSO训练的年数 7.09

甲板着舰次数 261.3 白天, 88.5 夜间,完成巡航次数 2.9

作为飞行员飞的主要飞机型号 A－7＝12,F－4＝8,F－14＝6,A－6＝5

你有资格指挥的飞机类型 除了F/A－18之外都可以

问题1　下面列举了一些LSO夜间指挥的影响因素。请考虑如下方面,给出各项影响因素在LSO训练中的等级:

①对着舰安全性的影响;

②对着舰率的影响,尤其是在加快回收速度方面;

③给受训者训练带来的困难。

环境因素采用的等级标准:

1＝没有在训练中特殊强调的必要;

2＝较低等级;

3＝中等等级;

4＝较高等级;

5＝非常高等级。

注:问题1统计结果见表B－1所示。

表 B－1　影响因素等级

环境变量	1	2	3	4	5	等级
飞行员没有答复 LSO 或答复比较慢				×		4.12
不熟练的飞行员			×			3.41
缺乏经验的飞行员				×		3.59
意图难以推测的飞行员				×		4.06
LSO 用电信通话引导降落				×		3.97
没有无线电			×			3.24
甲板运动，地平线清晰				×		3.94
稳定的甲板，使用手动光学助降系统				×		4.2
看不见地平线，没有预警机				×		3.89
在 3/4 英里内的不良天气				×		3.88
阻拦网回收				×		3.74
非常大或小的甲板风			×			3.38
回收侧风			×			3.06
没有外部迎角指示器			×			3.06
没有机翼灯			×			3.35
甲板俯仰，使用手动光学助降系统，能见度低				×		4.2
单发动机进场（双发飞机）				×		3.67
有着舰意图但没有着舰，没有空中加油飞机，没有转向				×		4.03
甲板俯仰，能见度低				×		4.32
错过第 3 根和第 4 根拦阻索			×			3.41
在报告看见灯光之后失去 LSO 无线电通信			×			3.15
使用手动光学助降系统，甲板俯仰				×		4.29
飞机航迹控制出现紧急情况				×		3.91
比通常进场速度要高			×			3.26
以极差的航母着舰控制开始				×		3.88

注：×代表所在等级

问题2 请按照LSO指挥标准,评价下列语音命令对LSO成功指挥的重要性,该评价结果可用于确定LSO训练语音命令的优先级。评价可分成如下等级:

0=这个命令没有必要;

1=一点也不重要;

2=可能重要;

3=比较重要;

4=确实重要;

5=非常重要。

注:问题2统计结果见表B-2所示。

表B-2 LSO语音命令的重要性等级

语音命令	1	2	3	4	5	等级
一点油门			×			3.3
油门					×	4.65
使用手动光学助降系统			×			2.65
改变一点姿态			×			3.03
姿态				×		3.74
右移对中				×		4.26
左移对中			×			3.43
逃逸			×			2.59
复飞					×	4.74
复飞,甲板未准备完毕				×		3.61
切断		×				2.26
脱钩			×			2.7
检查你的对中情况		×				1.85
请不要下沉			×			3.03
不要变低			×			3.03
不要爬升			×			2.85
不要变高			×			2.5
保持俯仰角	×					0.76
保持姿态		×				2.18
保持现在的状态			×			2.68
飞得有点高			×			2.62
位置高			×			3.00
位置有点低			×			2.91

表 B－2(续)

语音命令	1	2	3	4	5	等级
位置低				×		3. 62
有变高趋势		×				2. 26
有变低趋势			×			2. 79
左偏		×				2. 35
右偏		×				2. 38
速度快		×				2. 44
速度慢			×			2. 91
正在左飘		×				1. 94
正在右飘		×				1. 91
位置适当				×		3. 58
旗语通信				×		3. 88
稍微左偏		×				1. 97
稍微右偏		×				2. 33
保持		×				1. 5
按照下滑道飞行			×			2. 74
向下飞		×				1. 58
跟踪下滑道		×				2. 09
甲板运动剧烈			×			2. 59
停在中间		×				1. 88
不要超调		×				2. 38
正在下沉			×			2. 88
放轻松		×				1. 83
开始下降		×				2. 47
开始回到左侧			×			2. 53
开始回到右侧			×			2. 53
逐渐到达		×				1. 56
少量油门,右移对中			×			2. 82
少量油门,左移对中			×			2. 61
飞高了,缓慢降低		×				2. 42
检查对中,不要下降		×				1. 53
减小油门,不要爬升	×					1. 24
甲板运动剧烈,灯光失效			×			2. 56
位置低且速度慢			×			2. 85

问题 3 请描述你经历过的三个最危险(或最险象环生)的指挥情况,这些情况可以是发生在作为主控 LSO 或见习 LSO 或飞行员时期。描述中需包括以下内容:根据环境变量的多选列表,尽量详细地给出每种情况的环境描述;按时间先后顺序描述进场过程,包括飞行航迹的描述;给出 LSO 的相关指挥情况(如下达何种命令以及命令的下达时机)以及如何指挥能够更好地完成任务。

问题 3 以经验学习为目的,使 LSO 了解可能面临的危险。因此,调查的重点是环境描述。此外,环境描述也是 LSO 训练课程的学习内容。问题 3 着重强调通过 LSO 指挥可避免事故的环境条件,当然这里所指的事故并非 LSO 责任事故,而是通过 LSO 指挥可避免的事故,或可降低发生概率的事故。

针对问题 3 下面给出四份典型的问卷调查回复(注:原文的下述问卷中还提供了事故的文字描述,但为手写体,由于无法辨识,这里不作翻译):

问卷一:

飞机类型:F-14A。 白天________或夜晚___✓___。

进场后果:撞击舰尾________,硬着舰________,空中挂索________,非对中空挂索________,复飞________,逃逸________,成功挂索___✓___。

飞行员经验:高________,中___✓___,低________。

飞行熟练度:新手___✓___,不精通________。

飞行员技术水平:中___✓___,高________,低___✓___。

甲板俯仰: ±4° ~ ±16°,手动灯光________,LSO 用电信通话引导(飞行员/飞机)降落________,阻拦网回收___✓___。

甲板风:高__30 kts[①]__,非常低________,侧风________。

极度降低最高限度/可见度________,没有视野________。

飞机故障/紧急情况________。

LSO 在航母上有极度压力___无___。

问卷二:

飞机类型:__F-7__。白天________或夜晚___✓___。

进场后果:撞击舰尾________,硬着舰________,空中挂索________,非对中空挂索________,复飞________,逃逸________,成功挂索或阻拦网回收___✓___。

飞行员经验:高___✓___,中________,低________。

飞行熟练度:新手___✓___,不精通________。

飞行员技术水平:中________,高___✓___,低________。

甲板俯仰:________,手动灯光________,LSO 用电信通话引导(飞行员/飞

① 1 kts = 1 海里/小时

机)降落________,阻拦网回收________。

甲板风:非常高________,非常低________,侧风________。

极度降低最高限度/可见度________,没有视野___✓___。

飞机故障/紧急情况___✓___。

LSO 在航母上有极度压力________。

问卷三:

飞机类型:__F-4__。白天___✓___或夜晚________。

进场后果:撞击舰尾________,硬着舰________,空中挂索________,非对中空挂索________,复飞________,逃逸________,成功挂索或阻拦网回收___✓___。

飞行员经验:高___✓___,中________,低________。

飞行熟练度:新手___✓___,不精通________。

飞行员技术水平:中________,高________,低___✓___。

甲板俯仰:________,手动灯光________,LSO 用电信通话引导(飞行员/飞机)降落___✓___,阻拦网回收________。

甲板风:非常高___✓___,非常低___✓___,侧风________。

极度降低最高限度/可见度___✓___,没有视野________。

飞机故障/紧急情况________。

LSO 在航母上有极度压力___✓___。

问卷四:

飞机类型:__F-4B__。白天________或夜晚___✓___。

进场后果:撞击舰尾________,硬着舰________,空中挂索________,非对中空挂索________,复飞________,逃逸________,成功挂索或阻拦网回收___✓___。

飞行员经验:高________,中___✓___,低________。

飞行熟练度:新手___✓___,不精通________。

飞行员技术水平:中___✓___,高________,低________。

甲板俯仰:________,手动灯光________,LSO 用电信通话引导(飞行员/飞机)降落________,阻拦网回收________。

甲板风:非常高________,非常低________,侧风________。

极度降低最高限度/可见度________,没有视野___✓___。

飞机故障/紧急情况________。

LSO 在航母上有极度压力___✓___。

问题4　请用 LSO 简记符号和少量文字描述 5 个或者更多可以导致着舰失败

的典型着舰趋势。并标注每个趋势产生的不同类型后果(撞击舰尾,硬着舰,逃逸,空中挂索等)。

注:问题 4 的统计结果见表 B-3 所示。

表 B-3　导致着舰失败的典型趋势

事故类型	着舰趋势
撞击舰尾/硬着舰	LOX HIM - IC CDAR HX - IC CDAR OC - CIC/HIC CDAR NEPAW SAR SAR on LLU EG/DN Correcting for LOIC
非对中挂索	LURX/IM R - LAW LULX/IM L - RAW OCLULIC L_RAR OCLURIC R - LAR DRRIC/AR DRLIC/AR
逃逸	OCLOIC/SIC OCCO TMP on LLUIC
空中挂索	CDIC - AR PNU OCO CDIC - AR PNU on WO OCCDAR PNU

问题 5　从 LSO 夜间着舰指挥的角度,描述各机型的特性或性能局限性,同时要给出与 LSO 有关的故障和紧急事件。

注:问题 5 统计结果见表 B-4 所示。

表 B-4　各机型特性及局限性

机型	特性及局限性
A6	极好的油门响应
	晚期对中校正将导致下沉
	下俯着舰时,尾钩跳跃可能导致逃逸
KA-6	动力不足
	在大质量,大风,高温状况下的单发动机工作会出现问题

表 B－4(续)

机型	特性及局限性
EA6	极好的油门响应
	长机身及灵敏的俯仰控制,因此空中挂索发生率较高
	下俯着舰时,尾钩跳跃可能导致逃逸
	灵敏的俯仰控制使飞机有减速趋势
A7	发动机响应缓慢
	中间阶段的高于下滑道偏差常导致接近舰尾阶段的速度变慢;中间阶段的低于下滑道偏差常导致逃逸
	迎角系统和迎角指示器灯经常出故障
E2	极好的油门响应
	对中控制困难,大机翼构形使对中控制更加困难
	下俯着舰时,尾钩可能跳跃导致逃逸
	无襟翼控制进场时容易出现机身倾斜的情况,并减少舰尾净空
	下滑道偏差对俯仰控制响应灵敏
F4	极好的油门响应,易出现下滑偏差过度控制
	比其他舰载机进场速度快,因此考虑到阻拦系统性能的限制,需要大甲板风着舰
	燃料问题
	单发动机进场时响应差、速度高(半襟翼)
F14	发动机响应缓慢
	长机身经常导致空中挂索
	下俯着舰时或在舰尾进行对中调整,尾钩跳跃可能导致逃逸,长机翼增加了对中控制的难度
F/A18	极好的油门响应
	迎角恒定状态时,姿态变化平稳
	俯仰与发动机必须协调控制
	复飞时很容易过度转动

表 B－4(续)

机型	特性及局限性
S3	发动机响应缓慢
	在进场中有滑行趋势
	直接升力控制有助于校正大的下滑偏差
	紊流给着舰带来很多困难

问题 6 请列出两种或更多种你认为最恶劣的夜间指挥工况,并给出导致这种指挥的主要原因,估计事故发生率。

注:问题 6 的统计结果见表 B－5 所示。

表 B－5 最恶劣的夜间着舰指挥情况

经常提及的工况	甲板俯仰,看不见地平线,使用手动光学助降系统 甲板俯仰,看不见地平线,使用手动光学助降系统,远洋
经常提及的变量	甲板俯仰 看不见地平线 使用手动光学助降系统 远洋 下雨或低能见度 燃料不足
造成指挥困难的主要原因	LSO 超负荷指挥(感知力,压力,复杂性)

问题 7 其他,包括对这份问卷的意见和建议。

附录 C 着舰事故分析

本附录对 1965—1980 年间的美国着舰事故数据进行了分析,提炼出了着舰事故中重要的因素、变量和趋势,以辅助 LSO 成功完成指挥避免着舰事故。以下是这次评估分析的结果和提出的建议。本附录包括两部分,第一部分分析着舰事故数据的总体规律,第二部分分析导致着舰事故的飞行员行为规律。

一、着舰事故数据总体分析

1. 事故数据(1965—1980)

为了确定 LSO 对着舰事故的影响是否随着时间的推移而变得明显,本研究对三组着舰事故数据进行了对比分析。第一组事故数据来自于 Dunlap 团队在

1965—1969 年期间的着舰事故分析研究项目[32]。在这项分析研究中他们对期间的 191 次着舰事故进行了深入评估,并按不同的类别对事故进行分组。这里只涉及引起事故的责任因素、自然环境因素和着舰事故类型。第二组事故数据是美国海军安全中心存储的 1970 年 7 月至 1973 年 12 月的着舰事故数据。着舰数据选择到 1973 年 12 月是因为在此之后很少有实战操作。最后一组数据是美国海军安全中心存储的 1974 年 1 月到 1980 年 5 月着舰事故数据。

2. 总的事故趋势

在对比分析这三组事故之前,首先给出三组数据的共性特点:

①多数着舰事故是飞行员的责任;

②尽管白天着舰的数目明显高于夜间,但多数事故发生在夜间;

③撞击舰尾和硬着舰是发生最多的着舰事故;

④在除飞行员外的相关人员中,LSO 是被提及最多的事故责任者;

⑤在 Dunlap 研究中,除“战斗区域”外“纵摇的甲板”是被提及最多的环境影响因素。

由于上述共性特点显而易见,因此根据上述共性特点对数据进行分类对比分析,表 C-1 中给出了对比结果。

表 C-1 着舰事故数据比较

类型 \ 数据时间		1965 年 7 月—1969 年 6 月(91 次事故)	1970 年 7 月—1973 年 12 月(96 次事故)	1974 年 1 月—1980 年 5 月(7 次事故)
主要责任	飞行员	86.0%	71.9%	64.2%
	LSO	18.8%	27.0%	31.3%
自然环境	夜间	55.0%	54.2%	59.7%
	纵摇的甲板	12.0%	13.5%	13.4%
典型事故	撞击舰尾	28.8%	28.1%	25.4%
	硬着舰	63.4%	30.2%	25.4%

注:总的着舰事故作为分母。

如表 C-1,“硬着舰”事故率明显下降。在分析了影响着舰表现的多个因素之后,得出了舰载机进场速度降低将导致较大偏移的结论。

夜间,甲板纵倾和撞击舰尾有相同的事故比率。而飞行员和 LSO 作为主要责任者的事故比率有明显的差异。

通过以上的分析得到如下结论：在事故数据所在时段内，飞行员主要责任的事故比率明显减小，LSO 主要责任的事故比率却增加。在考虑下面因素时，上述对比尤其明显：如果 LSO 工作台或者指挥通信设施出现问题导致的事故也被归结为 LSO 的责任，也就是说，如果因为 LSO 在着舰前没能将设备故障告知飞行员而导致事故发生，那么 LSO 应该对该事故负责。另一方面，美国海军安全中心在分析 1970—1973 年间和 1974—1980 年间 LSO 主要责任事故时只考虑了 LSO 工作台的因素。以上研究结论可作为 LSO 训练需求的论证基础。

3. 整体训练需求

因为分析数据中不包含事故描述，不能用于深入分析训练需求。为了确定训练需求，研究人员对其他两组的事故数据（1970—1980）进行了分析。在这项分析中，只考虑跟 LSO 有关的事故，这样减少了一大部分“物资事故”或“设备故障”类型的事故。基于以上分析原则，在 1970—1973 年期间选择了 67 次事故；在 1974—1980 年期间选择了 41 次事故。在前面分类分析的基础上，采用如下子分类。

（1）撞击舰尾

撞击舰尾分为两种类型：第一种是“下降”进场，即飞机以高于或位于下滑道的位置做向下运动造成撞击舰尾事故；第二种是“位置一直低”，即飞机低于下滑道的进场发生撞击舰尾事故。

（2）自然环境

飞行员非常关注“夜间”或“能见度较低”两种着舰环境，这一点从它们被提及的程度足可以看出。

（3）硬着舰

硬着舰可分为两种情况：下沉速度过大和空中挂索。

（4）LSO 因素

在 LSO 工作台环境下，“没有及时地给出复飞信号”是 LSO 责任事故的主要原因。在这个范围内可将事故分为典型的三类：“舰尾位置较低”“位置一直低”和“对中偏差”。另外，其他 LSO（如候补 LSO 或者监督 LSO）作为事故责任者的情况，还需恰当考虑复飞后仍发生损坏事故的情况。

根据上述子分类的定义，进行了如下分析。

4. 1970—1973 年事故统计

（1）主要责任

研究的 67 次事故中，只有两次与飞行员责任无关。飞行员责任事故的主要类型是硬着舰和撞击舰尾。

（2）事故类型

研究事故包括 26 次撞击舰尾事故，其中 17 次是“下降”进场类别。这种高速率下降是由于“俯仰角减少”“对中调整”或“油门的显著减少”导致的，剩下的9次撞击舰尾事故属于“位置一直低”类型。28次事故是硬着舰，其中12次是空中挂索，剩下的16次是由于高速率下降导致的。

（3）自然环境

42次事故发生在夜间。在这种情况下有13次属于“甲板纵倾”类型，11次属于“看不见地平线”或者“夜间”类型。虽然这些事故发生在战争年代，但在任何一次事故描述中都没提及“战争”因素。

（4）LSO指挥

研究事故中有26次事故是LSO责任事故。其中，16次属于“没有及时地给出复飞信号”类型，7次发生在“舰尾阶段”或“舰尾”，7次属于“位置一直低”类型，2次属于判断出错类型。

由于上面结论仅根据事故描述情况得到，因此有必要考虑其他信息。为了体现LSO与飞行员的交互作用，我们专门统计了事故描述中特别提及LSO与飞行员无线电通信的事故数量。一旦无线电通信被提及，通信录音将被记录下来。考虑到复飞命令一定是通过无线电通信下达的，因此复飞情况下的通信录音一定会被保存。在该分类下，74.6%事故中提到超高频通信。18次事故发生在飞机已经复飞之后。

若只考虑指挥环境因素，在67次事故中LSO责任事故为4次，使用手动光学助降系统发生事故数量也是4次。

（5）其他因素

飞行员在发生事故之前曾试图着舰，这一因素被提及多次，非常值得重视。

5.1974—1980年事故统计

飞行员责任事故36次，这些事故主要类型是硬着舰和撞击舰尾。

（1）事故类型

研究事故包括15次撞击舰尾事故，其中7次是“下降”进场类别，5次事故属于“位置一直低”类型，还有3次属于不能确定类型。17次事故是硬着舰事故，其中5次是空中挂索类型，12次是高速率下降类型。

（2）自然环境

研究事故中31次发生在晚上，9次属于“纵摇甲板”类型，3次属于“看不见地平线”类型。

（3）LSO指挥

研究事故中21次事故是LSO责任事故，其中12次事故是因为“没有及时给出复飞命令”，这12次事故中有4次与“舰尾下降”有关，有3次与对中有关，有2次是“位置一直低”，有2次是“复飞”过迟，有1次是判断失误。在41次轻微事故中，有4次与其他LSO表现相关。在21次LSO责任事故报告中，有10次报告特别提到了LSO无线电命令，有3次与使用手动光学助降系统有关。

(4)其他因素

在研究事故中,有 9 次事故飞行员多次试图着舰。

6. 结论

表 C－2 是与 LSO 相关事故数据分析表,由表 C－2 可以得到如下结论:

①从 1970 年到 1980 年,在 LSO 相关的事故中飞行员主要责任事故的比率在减少,然而 LSO 主要责任事故的比率在增加。在 1974—1980 年间一半以上事故是 LSO 责任事故;

②所有着舰事故中近 70% 属于撞击舰尾或硬着舰类型;

③夜晚事故比率增加;

④LSO/飞行员高频率通信比率较高,这足可以说明通信的重要性;

⑤其他 LSO 在 LSO 工作台上的表现也逐渐成为导致事故的主要因素;

⑥与使用手动光学助降系统相关的事故较少;

⑦在 LSO 没有及时下达复飞命令而导致的撞击舰尾事故中,“舰尾下降”和“位置一直很低”是主要因素。

表 C－2　与 LSO 相关事故数据分析表

事故原因	1970 年 7 月—1973 年 12 月 ($N=67$)	1974 年 1 月—1980 年 5 月 ($N=41$)
飞行员责任事故	97%	87.8%
夜间	65.7%	75.6%
甲板纵倾	19.4%	22.0%
看不见地平线	16.4%	7.3%
撞击舰尾	38.8%	36.6%
其中舰尾下降的比率	65.4%	46.7%
其中位置一直都低的比率	34.6%	33.3%
硬着舰	41.8%	41.5%
其中空中挂索的比率	42.8%	29.4%
其中高下沉率的比率	57.2%	70.6%
LSO 责任事故	38.8%	51.2%
LSO 未及时给出复飞命令	23.9%	29.3%
其中舰尾下降的比率	43.8%	33.3%
其中位置一直低的比率	43.8%	25.0%
其中对中偏差的比率	0.0%	16.7%
复飞	26.9%	34.1%

表 C-2(续)

事故原因	1970 年 7 月—1973 年 12 月 ($N=67$)	1974 年 1 月—1980 年 5 月 ($N=41$)
其他 LSO 责任事故	6.0%	14.6%
LSO/飞行员高频率通信	74.6%	51.2%
使用手动光学助降系统	6.0%	7.3%
多次试图着舰	38.8%	22.0%

通过分析 1965—1980 年期间的全部事故和 1970—1980 年期间与 LSO 相关事故得到下列结论。随着战争的结束,LSO 责任事故增加,而飞行员责任事故却减少。这表明在战争结束后,LSO 缺乏有效的训练。这个时期,事故分析中多次提及“未及时给出复飞命令”,撞击舰尾和硬着舰的高发生率表明 LSO 在舰尾阶段指挥表现普遍不佳。在撞击舰尾和“未及时给出复飞命令”类别的事故中“舰尾下降”是最大的潜在危险。“位置一直低”着舰也是非常危险的,LSO 应及时终止这种情况。如果以“位置一直低”的状态着舰,着舰操作的压力将会很大。总的来说,较大的下沉率是导致撞击舰尾、硬着舰和“LSO 未及时给出复飞命令”事故的主要因素。LSO 更好地运用“油门”和“姿态”指挥命令可以有效地避免撞击舰尾和硬着舰事故。

高事故率反映了复飞危险程度较大,包括飞机已经复飞的情况(例如飞机过迟复飞)。这类事故发生率的升高暗示了 LSO 对复飞决策点判断能力的下降。

在环境因素中,夜间和甲板纵倾导致的事故变化较小。LSO 非常关注这一点,因为这决定了 LSO 与飞行员之间的交互是否需要加强,是否需要提高 LSO 的技能,但甲板操作的减少和指挥机会的减少可能会影响这些结论。值得注意的是,虽然白天/夜间因素在事故总结中通常被视为主要环境影响因素,但也不能忽视其他环境影响因素。

在这项分析研究中还得出如下结论:LSO 在工作台上的团队协作表现明显不足。事故分析表明,候补 LSO 应更多参与指挥工作,尤其是在恶劣的自然环境和操作情况下,或者在舰尾阶段有多种进场偏差的情况下。

在着舰事故中,使用手动光学助降系统时事故发生率低的原因有如下两种:第一种,很少使用手动光学助降系统;第二种,使用手动光学助降系统的 LSO 通常都非常有经验。

最后,由于多数着舰事故发生时舰载机并不是第一次试图着舰,这表明 LSO 应该更加关注舰载机复飞后的再次着舰。

总的来说,这项分析研究从经验的角度提出了 LSO 指挥表现的缺陷,同时也得出了需要严密监控飞行员着舰驾驶过程的结论。

下面给出本项研究的第二部分,即导致着舰事故的飞行员行为规律的分析。

二、飞行员行为规律

1. 着舰边界分析(1970—1980 年)

前面分析了甲板着舰事故中的影响因素和其他与着舰事故相关的因素,描述了“在舰尾阶段高了,舰尾下降”和“位置一直都低”等飞行员着舰规律,并讨论了他们对 LSO 训练的影响。这部分将对飞行员着舰规律进行更全面的分析,给出在着舰事故中飞行员各种行为的频率。该分析为飞行员行为模型在 LSO 训练系统中的应用奠定了基础,使受训 LSO 预先了解不理想的飞行员着舰行为。

本分析研究以传统的 LSO 工作为基础,即分析指定飞行员的岸基训练(Field Carrier Landing Practice,FCLP)和着舰规律。分析采用美国海军安全中心存储的 1970 年 1 月至 1980 年 5 月间的着舰事故[33]。根据事故描述和一种与 LSO 工作表格相似的记录,我们提取了 LSO 进场着舰的速记描述,表 C-3 给出了一次着舰的描述。从可利用的事故数据里,去除只与物资或设备故障有关的事故,选出 102 次进场着舰事故进行分析。

2. 总体偏差规律

由描述进场事故的数据可知,这些事故都是由飞行员进场着舰偏差造成的(例如,高了,下沉速度过大,中线偏左等)。同时,事故原因也与偏差发生时与舰尾阶段(例如 IC 或 AR 阶段)的距离有关,表 C-4 给出了各阶段偏差的对比,提供了偏差着舰(按范围)占所有描述事故的百分比,还列出了 7 种最常见的偏差。

由表 C-4 可得两个明显的结论:大多数偏差发生在“舰尾阶段”或者“舰尾”范围;最常见的偏差类型是“下沉速度过大”(正在下降),而且这些偏差绝大多数发生在“舰尾”。

得到上述结论均在意料之中,因为众所周知,进场着舰的最后阶段是最危险的,并且最严重的事故是由下沉速度过快引起的撞击舰尾或硬着舰。

经深入研究可知,在 LSO 训练需求研究时需重点考虑大下滑道偏差引起的高事故发生率(17%)。其他需要关注的是:低于下滑道的偏差,“下俯”或“减少俯仰角”(9.6%)和“动力不足”或“挂索失败”(8.8%)。

在与阶段有关的偏差中,“在舰尾阶段下沉速度过快”是最常见的(13.2%),其次是“在舰尾阶段动力不足”(6.7%)和“接近舰尾阶段位置高”(5.7%),这两种偏差是关联的,因为减小油门是校正大偏差的主要手段,而在舰尾阶段过度减小油门会导致在舰尾产生较大的下沉速度,二者发生概率仅次于“在舰尾阶段俯仰角减少”和“在舰尾俯仰角减少”,这两种偏差也是在舰尾阶段或是在舰尾时下沉速度过快的前兆。其他较常见的偏差,例如,“开始位置较低”“在舰尾阶段下沉速度过快”“开始位置较高”“在舰尾位置高”和“在中间阶段位置低”等,都表明良好的初始着舰状态和有效的下滑道控制都是避免事故的有效方法。

表 C－3　事故规律分析工作表实例

日期	机型	白天(D)/黑夜(N)	航母编号	结果	下滑道和速度偏差				控制偏差		对中和机翼	规程	责任原因	
					X	IM	IC	AR	动力	姿态			LSO	飞行员
3/11/77	F14A	N	66	撞击舰尾			CD	LO		MATTIC	LULIM		✓	✓
10/3/77	F14A	N	68	撞击舰尾		LOSLO	(H)	CD	GEK	NDK CVAR			✓	✓
1/16/76	F4N	N	41	硬着舰	LO		C	HCD		NDAR				
4/11/79	E28	D	16	非对中挂索				(H)			L－LAR	CQ		✓
5/12/79	TA4J	D	16	空中挂索			(LO) (EGK)			PNV. WV	LULAW	CQ	✓	✓
5/12/76	A7A	N	41	硬着舰		S	H	CD		NDAR				✓
10/12/78	A7E	N	60	撞击舰尾	H	H	HCD	CD	EGK	DNK			✓	✓
10/14/78	S3A	N	66	非对中挂索										✓
3/10/76	F4S	N	61	撞击舰尾	(H)	(S)	(S)	S	EGK			WO		✓
12/6/78	RASC	D	61	硬着舰			(H)	CD		NDK		(PO)	✓	✓
12/8/79	KAGD	N	41	撞击舰尾		(LO)	DEC LD		NEMC	DNIC PNVAR		WX	✓	✓

表 C-4　着舰事故规律($N=102$,1970—1980)

%

	下滑道		下沉率		迎角/速度		对中		漂移/机翼		油门		俯仰		
阶段	低	高	过大	不足	慢	快	左	右	左	右	过大	不足	下俯	上仰	
开始阶段	4.7	4.4	0.3	—	0.3	—	1.3	1.8	—	—	—	—	—	—	12.7
中间阶段	3.6	3.1	1.8	0.5	0.8	—	1.8	1.3	—	—	0.3	0.3	—	—	13.4
接近舰尾阶段	2.3	5.7	4.7	1.8	2.3	1.3	0.8	1.0	0.8	0.5	0.5	6.7	4.7	0.3	33.3
舰尾阶段	0.3	3.9	13.2	—	0.5	0.3	0.5	0.3	3.1	0.8	—	1.6	4.7	2.6	31.5
着舰/复飞	—	—	—	—	—	—	1.8	0.5	2.3	0.5	—	0.3	0.3	3.4	9.0
总计	10.9	17.1	19.9	2.3	3.9	1.6	6.2	4.9	6.2	1.8	0.8	8.8	9.6	6.2	

最常见的偏差：

在舰尾下沉速度过快(13.2%)；

在舰尾阶段动力不足(6.7%)；

接近舰尾阶段位置高(5.7%)；

接近舰尾阶段下沉速度过快(4.7%)；

接近舰尾阶段俯仰角减小(4.7%)；

舰尾阶段俯仰角减小(4.7%)；

开始阶段位置低(4.7%)。

另外一个发生频率相对较高的偏差是在着舰中过度上仰。很明显，这是飞行员最不恰当的复飞响应导致的。另外，对中偏差发生率也较高，它包括"中线偏左"和"逐渐左偏"，尤其"在舰尾逐渐左偏"的现象经常出现。

3. 偏差规律事故分类

上面分析了着舰事故的偏差规律，分析主要针对四种事故类型的偏差趋势：撞击舰尾，硬着舰，空中挂索和非对中挂索。

撞击舰尾是所有着舰事故中最严重的。由撞击舰尾事故分析所得的偏差规律可用于 LSO 训练。表 C－5 给出了撞击舰尾规律分析，表中大部分事故的偏差都发生在接近舰尾阶段和在舰尾位置。同样，该表也显示主要的偏差类型是舰尾下沉速度过快（16.9%）。进一步对数据进行分析，得出下沉速度过快的主要先兆是"接近舰尾阶段动力不足"（13.1%），其他存在潜在撞击舰尾可能的偏差是"开始阶段位置低"（7.5%）"接近舰尾阶段下沉速度过快"（6.9%）"接近舰尾阶段俯仰角减少"（6.9%）和"中间阶段位置低"（6.3%）。以上讨论的所有偏差超过 50% 来自撞击舰尾事故。

表 C－6 给出了硬着舰事故规律分析结果。撞击舰尾事故大部分偏差发生在舰尾阶段和舰尾，而硬着舰事故的偏差发生在舰尾的概率高于在舰尾阶段。与撞击舰尾事故相同，舰尾下降速度过快是最普遍的硬着舰事故偏差。与撞击舰尾事故不相同的是，下沉速度过快的主要前兆是"在舰尾阶段俯仰角减小"（8.9%）"舰尾阶段位置高"（8.9%）和"舰尾位置高"（8.9%）。在硬着舰事故中，油门偏差并不像在撞击舰尾事故中那么明显。此外，与其他偏差相结合，"开始阶段位置高"（6.5%）可以作为硬着舰事故可能发生的标志。

通过分析对中偏差引起的着舰事故可知主要对中偏差是左对中偏差。

表 C－7 中给出了对中偏差着舰事故规律的分析结果。这种事故类型的偏差大多数发生在舰尾或在触地时刻，发生频率最高的偏差是"着舰左漂"（17.8%），其次是"舰尾左偏（8.9%）"和"着舰左偏"（8.9%）。产生以上偏差的原因是它们发生在临近或者超过了 LSO 能够成功发起复飞的位置，事故分析中并没提供 LSO 避免这类对中偏差的方法。为了避免这类事故的发生，LSO 在训练过程中必须密切关注复飞决策点附近对中偏差的最小域值。在这个过程中，需要候补 LSO 发挥重要作用，尤其是主控 LSO 面临多种偏差时。

最后一种着舰事故是空中挂索。表 C－8 给出了空中挂索的事故规律分析结果，这种类型事故的偏差大部分发生在舰尾阶段或者舰尾。其中，发生频率最高的偏差是"复飞或着舰时俯仰角增加"（18.4%），而"舰尾下沉速度过大"（14.3%）、"接近舰尾阶段下沉速度过大"（6.1%）和"接近舰尾阶段动力不足"（6.1%）是这种偏差的先兆。如前所述，大部分的空中挂索事故发生在复飞过程中。下沉速度和动力偏差是 LSO 下达复飞命令的依据。以上分析表明，在 LSO 训练中须将飞行员的复飞技术作为复飞决策因素。

表 C－5　撞击舰尾事故规律($N=40$)

%

	下滑道		下沉率		迎角/速度		对中		漂移/机翼		油门		俯仰		
	低	高	过大	不足	慢	快	左	右	左	右	过大	不足	下俯	上仰	
开始阶段	7.5	3.1	0.6	—	0.6	—	0.6	1.3	—	—	—	—	—	—	13.8
中间阶段	6.3	2.5	2.5	0.6	0.6	—	—	1.9	—	—	—	0.6	—	—	15.0
接近舰尾阶段	1.9	4.4	6.9	1.9	3.1	0.6	0.6	—	1.9	—	—	13.1	6.9	0.6	41.9
舰尾阶段	0.6	—	16.9	—	0.6	—	—	—	1.3	—	—	1.9	2.5	3.8	27.5
着舰/复飞	—	—	—	—	—	—	—	0.6	—	—	—	—	—	1.3	1.9
	16.3	10.0	26.9	2.5	5.0	0.6	1.3	3.8	3.1	—	—	15.6	9.4	5.6	

最常见的偏差：

舰尾下沉速度过快(16.9%)；

舰尾阶段动力不足(13.1%)；

开始阶段位置低(7.5%)；

接近舰尾阶段俯仰角减小(6.9%)；

接近舰尾阶段下沉速度过快(6.9%)；

中间阶段位置低(6.3%)。

表 C－6　硬着舰事故规律（$N=33$）

%

	下滑道		下沉率		迎角/速度		对中		漂移/机翼		油门		俯仰		
	低	高	过大	不足	慢	快	左	右	左	右	过大	不足	下俯	上仰	
开始阶段	4.1	6.5	—	—	—	—	1.6	1.6	—	—	—	—	—	—	13.8
中间阶段	1.6	4.1	1.6	0.8	0.8	—	4.1	0.8	—	—	0.8	—	—	—	14.6
接近舰尾阶段	2.4	8.9	3.3	3.3	0.8	1.6	0.8	0.8	—	0.8	1.6	1.6	4.1	—	30.1
舰尾阶段	—	8.9	11.4	—	—	0.8	—	—	3.3	0.8	—	1.6	8.9	1.6	37.4
着舰/复飞	—	—	—	—	—	—	—	—	0.8	—	—	0.8	0.8	1.6	4.1
	8.1	28.5	16.3	4.1	1.6	2.4	6.5	3.3	4.1	1.6	2.4	4.1	13.8	3.3	

最常见的偏差：

舰尾下沉速度过快（11.4%）；

舰尾俯仰角减小（8.9%）；

接近舰尾阶段位置高（8.9%）；

舰尾位置高（8.9%）；

开始阶段位置高（6.5%）。

表 C－7　对中偏差着舰事故规律（$N=15$）

	下滑道		下沉率		迎角/速度		对中		漂移/机翼		油门		俯仰		
	低	高	过大	不足	慢	快	左	右	左	右	过大	不足	下俯	上仰	
开始阶段	2.2	4.4	—	—	—	—	2.2	2.2	—	2.2	—	—	—	—	13.3
中间阶段	2.2	2.2	—	—	2.2	—	2.2	2.2	—	—	—	—	—	—	11.1
接近舰尾阶段	2.2	2.2	—	—	2.2	—	—	4.4	—	4.4	—	—	—	—	15.5
舰尾阶段	—	4.4	2.2	—	—	—	2.2	2.2	8.9	4.4	—	—	2.2	—	26.7
着舰/复飞	—	—	—	—	—	—	8.9	2.2	17.8	4.4	—	—	—	—	33.3
	6.7	13.3	2.2	—	4.4	—	15.5	13.3	26.7	15.5	—	—	2.2	—	

最常见偏差：

着舰左漂（17.8%）；

舰尾左偏（8.9%）；

着舰左偏（8.9%）。

表 C－8　空中挂索事故规律($N=14$)

	下滑道		下沉率		迎角/速度		对中		漂移/机翼		油门		俯仰		
	低	高	过大	不足	慢	快	左	右	左	右	过大	不足	下俯	上仰	
开始阶段	—	4.1	—	—	—	—	2.0	2.0	—	—	—	—	—	—	8.2
中间阶段	2.0	4.1	2.0	—	—	—	2.2	—	—	—	—	—	—	—	10.2
接近舰尾阶段	4.1	4.1	6.1	—	4.1	2.0	2.0	—	—	—	—	6.1	4.1	—	32.7
舰尾阶段	—	2.0	14.3	—	2.0	—	2.0	—	2.0	—	—	2.0	2.0	4.1	30.6
着舰/复飞	—	—	—	—	—	—	—	—	—	—	—	—	—	18.4	18.4
	6.1	14.3	22.4	—	6.1	2.0	8.2	2.0	2.0	—	—	8.2	6.1	22.4	

最常见偏差：

复飞或着舰时俯仰角增加(18.4%)；

舰尾下沉速度过大(14.3%)；

接近舰尾阶段下沉速度过大(6.1%)；

接近舰尾阶段动力不足(6.1%)。

4. 总结

通过着舰事故偏差规律分析可得,LSO 和 LSO 训练需重点关注“在舰尾”下沉速度过大的情况。发生频率高于“下沉速度过大”的偏差包括“在舰尾阶段动力不足”(最常见的撞击舰尾前兆)、“在舰尾俯仰角减少过大”(最常见的硬着舰前兆)、“在舰尾阶段位置高”和“在舰尾阶段俯仰角下降”。上述结论给出了 LSO 进行复飞决策的重要依据,但这些发生在着舰的较晚阶段,即接近复飞决策点的区域。此外,在着舰时不佳的初始状态(位置高或低)和前期较差的下滑道控制能够提醒 LSO 需要注意下滑道控制和接近复飞决策点区域的其他问题。

在潜在的事故状况中,LSO 必须应对与“对中左偏”和“逐渐左移”相关的对中偏差,尤其是接近舰尾阶段的该类偏差。因为通常这类偏差发生的前兆很微小,而且复飞决策时间很短。此外,常常发生在复飞过程中的“增大俯仰角”应作为 LSO 复飞决策的影响因素。

附录 D　LSO 训练模型管理中心和美国海军安全中心的沟通

为了确定在沟通方面是否需要加强,开展了 LSO 训练模型管理中心(TMM)和美国安全中心之间的关系研究。实际上必须加强二者的沟通,下面给出具体需求分析和改建建议。

1. 美国海军安全中心(NAYSAFECEN)数据情况

海军安全中心用于分析的主要数据来源于每一次事故的事故调查报告(MIR)。下面给出事故调查报告的编辑步骤和海军安全中心数据的概述。

(1)事故报告程序

事故发生单位(例如小舰队)需对事故周围环境进行简短的描述。首先,事故发生单位召开飞机事故会议(AMB),在会上对事故发生之前、之间、之后进行详尽分析,并提供所需相关设备的分析材料。然后飞机事故会议最终发布事故调查报告,其中详细给出着舰表现分析,列出主观数据(飞行员姓名、日期、天气情况等)和导致事故的主要因素。接下来事故调查报告被上交到整个指挥链路,即从编队到具有决策权限的指挥官(CNAL,CNAP 等)。指挥链路中的每一级指挥官都会对飞机事故会议上得到的结论进行确认,并提出相关建议。具有决策权限的指挥官对报告进行签署并转发给海军安全中心。美国海军安全中心对事故调查报告进行数据处理,在海军安全中心使用 400 多种编码方式,将事故调查报告中包含的信息存储到中心计算机中。事故调查报告的复印件被保留 18 个月,之后转存为缩微胶片。编码数据包含了大部分的经验数据。每次数据只有通过解码之后,才能通过计算机显示并进行趋势分析。然而每次事故都包括简短叙述，但叙述没有标准的描述方法。如果要对与 LSO 相关的事故信息进行分析，可以用“航母着舰事故”进行编码。甚至更详细，可利用“固定翼飞机、上舰、着舰阶段 ”对经验数据进行编码。根据上述编码计算机自动提供如下信息：

①数据段覆盖（时间间隔）；

②飞机机型；

③损失；

④数据；

⑤白天/夜晚；

⑥航母名字/编号；

⑦事故原因；

⑧事故类型；

⑨事故伤害；

⑩事故叙述。

叙述可以包括环境情况、LSO 指挥或 LSO 认为重要的信息，当然也可以不包括这些信息。这些信息必须向安全中心以代码的形式提出请求才能获得。如果必要，决策级指挥官会保留物证。

（2）分析

美国海军安全中心唯一的例行着舰表现分析是季度报告，在季度报告将着舰事故按照白天发生和黑天发生分类，然后存储在以参考为目的数据之前。其他分析需要以合适的编码方式向海军安全中心处理系统请求才能获得。为了确定是否存在事故数据分析的趋势边界，海军安全中心的工作人员做了一系列的事故信息研究。

2. 美国 LSO I 阶段学习课程中的事故数据情况

虽然事故数据并没有列在 LSO 训练模型管理中心（TMM）I 阶段学习的课程中。但如果特殊请求，这些数据是可以获得的。此外，LSO 训练模型管理中心需与 LSO 进行电话联络以获得必要信息。

3. 建议

为了提高 LSO 训练效果，提出以下建议。

（1）建议建立海军安全中心与 LSO 训练模型管理中心的沟通渠道

在分析过程中，可以发现从事故评论中可获得一些训练的隐含因素。毫无疑问，LSO 训练模型管理中心和它的工作人员能找到这些数据的相似用途。因此，为实现事故数据由海军安全中心向 LSO 训练模型管理中心的自动传输，有必要在管理层面建立相关沟通渠道。目前，与某编队相关的数据会传输给该编队，这些传输数据包含初始和最终的事故调查报告。主要航母固定翼舰载机的事故数据也同样需传输给 LSO 训练模型管理中心。

(2)建议 LSO 训练模型管理中心需要了解的信息

为了有效地完成事故数据分析,LSO 训练模型管理中心需要获得每次着舰事故的信息包括:

①飞机类型;

②一天当中的时间段;

③进场结果(撞击舰尾,空中挂钩等);

④飞行员的飞行时间(总数,类型);

⑤飞行员的航母着舰经历;

⑥飞行甲板纵摇或横摇是否合适,飞行甲板纵倾;

⑦着舰辅助系统的状态;

⑧阻拦网回收是否可以应用;

⑨甲板风的速度及相对方向;

⑩能见度和降雨、地平线情况;

⑪一些设备或飞机发生的故障;

⑫飞机/设备损害;

⑬转移空间/加油机情况;

⑭操作标准;

⑮事故的全面的叙述,包含所有的语音交互,LSO 划分阶段的飞机位置、速度、姿态以及所有 LSO 的评分。此外,LSO 趋势分析也应当包括在内。

理想的情况是对于所有的事故都需明确地提供上述列表信息,实际上这些信息在事故调查报告中都有列出。

(3)建议从事故调查报告中获得的信息

飞机事故会议上使用 8750/1 海军作战部长办公室表格对事故调查报告进行了简述,并提供必要的数据。下面列出该表格中 LSO 训练模型管理中心所需数据:

①事故描述;

②飞机型号;

③时段;

④飞行经验(飞行员);

⑤原因;

⑥环境情况;

⑦光学引导装置情况;

⑧ 阻拦装置使用情况;

⑨飞机的损毁。

除了以上信息,还需包括正式事故调查报告中"条目"部分的如下信息。

①"人因素"信息:LSO 的生理和心理状态评价以及 LSO 在事故中的表现。

②"设备"信息:LSO 工作台显示系统和着舰辅助设备的状态和使用,在事故中发挥的是有利还是不利的影响。

③"主控 LSO 和高级 LSO"信息:LSO 对事故发生原因全面叙述(包含 LSO 日志中记载的评分和 LSO 评论);事故发生近 30 天内 LSO 对飞行员的着舰评分;LSO 标准化训练手册第Ⅷ部分(飞机事故分析及注意事项)所需内容。

此外,如果可能,也应包括经过时间标注的 LSO 与飞行员间的通信录音和飞行员着舰辅助电视录像。

不易保存的事故数据必须受到高度重视并保存完好。LSO 训练模型管理中心不应该关心事故责任所在,而应该关注 LSO 指挥对事故的影响作用。我们深信如果只包含前面的数据,那些不易保存的数据一定会受到损害。

接下来给出如何利用上述信息改进 LSO 训练模型管理中心的 LSO 训练 I 阶段课程和提升 LSO 训练过程。

(4)建议分析数据趋势

附录 C 提供了航母着舰事故的数据分析。数据分析的目的是根据多数事故中的着舰和 LSO 行为类型确定事故发展趋势的边界。这些类型事故的相似分析对 LSO 训练模型管理中心非常有价值。例如,LSO 训练效果与着舰事故发生频率密切相关。如果在某种训练模式下事故发生率上升,这种模式下的某项训练必然效果不佳。正是由于发现了这一点,LSO 训练模型管理中心可将这种训练"预警"机制纳入到 LSO 训练学校 I 阶段课程中,并在 LSO 编队施行。简而言之,LSO 训练模型管理中心进行事故数据分析是非常必要的,因为事故发展的边界可作为 LSO 编队训练的"质量管理"工具。基于以上分析,建议根据如下分类对着舰事故数据进行分析以确定事故率的减少或增加:

①飞行员主要责任事故;

②主控 LSO 主要责任事故;

③其他 LSO 主要责任事故;

④时段(白天/晚上);

⑤甲板纵倾或横倾、船摇;

⑥能见度很低;

⑦天气接近极限;

⑧飞机已经复飞;

⑨导致"超高下滑道""全程低下滑道"和对中偏差事故的着舰类型;

⑩着舰进场的结果,包括撞击舰尾、硬着舰、空中挂索和非对中挂索,着舰进近的结果需要与⑨中规律进行对比分析,这项分析是为了确定是否有值得注意的数据趋势导致了这些结果;

⑪光学助降系统的类型(例如:手动光学助降系统);

⑫飞行员的经历,包括飞行总时间,某型号舰载机飞行时间,着舰情况(总数和某型号舰载机飞行)和以前的飞行习惯;

⑬风力条件(高/低甲板风,侧风等);

⑭着舰过程中的紧急情况(飞机或设备);

⑮操作情况(航母规范、无油、转移等);

⑯飞机型号。

此外,为了确定事故开始发生的阶段即确定飞机是从哪个阶段开始(中间段、接近段)偏离可接受偏差范围的,为确定 LSO 是否能够避免事故的发生,需重点分析 LSO 等级评论。

进行这一类分析,能够发现事故的可能趋势。例如,可以提炼某新机型飞机(例如 F/A-18)的着舰趋势,然后根据趋势定义 LSO 指挥命令。LSO 主要责任事故率的升高意味着需要改进 LSO 的训练机制。1972 年,美国海军安全中心的一项飞行安全报告体现了数据分析的作用,该报告指出数据分析表明一段时间内硬着舰事故的概率明显上升,并给出了事故率上升的准确原因:F-4 型舰载机的"接近舰尾阶段修正"和"较晚的对中修正"。F-4 型舰载机具有下沉率立刻增加的特点,需要飞行员在接近舰尾阶段修正高于下滑道偏差时减小俯仰角。在 F-4 着舰过程中,如果 LSO 没有及时地下达调整命令(例如,"姿态"或"复飞"命令)将导致硬着舰。这些是从 F-4 的事故数据趋势分析中获得的信息,这种分析应该由 LSO 训练模型管理中心来完成。这一结论可促进 LSO 训练模型管理中心改进 F-4 型舰载机的训练环境,并提醒 LSO 编队在 F-4 型舰载机进入接近舰尾阶段后可能需要下达"减少俯仰"的命令。类似结论应当在《LSO 月刊》《海军通讯》或《进近》杂志上发表。

建议 LSO 训练模型管理中心分析处理着舰事故数据的另一个原因是,LSO 训练模型管理中心具备数据分析处理所需的计算机环境。LSO 训练模型管理中心应该定期分析处理上述信息,并及时向 LSO 编队提供近期的事故分析结论,同时型号指挥官和海军安全中心可以根据某型号舰载机的着舰趋势和易导致的事故快速做出决策。同样的建议也可应用于 LSO 团体以预防将来可能发生的着舰事故。

参考文献

[1] HOOKS J T, BUTLTER E A, GULLEN R A, et al. Design study for an auto - adaptive Landing Signal Officer (LSO) training system, technical report, NAVTRAEQUIPCEN 77 - C - 0109 - 1[R]. [S. l.]: Naval Training Equipment Center, 1978.

[2] BREAUX, R(Ed). LSO training R&D seminar proceedings, technical report, IH - 320[R]. [S. l.]: Naval Training Equipment Center, 1980.

[3] MCCAULEY MICHAEL E, BORDEN GAIL J. Computer - based landing signal officer carrier aircraft recovery model, NAVTRAEQUIPCEN 77 - C - 0110[R]. [S. l.]: Naval Training Equipment Center, 1980.

[4] HOOKS J T, BUTLTER E A, REISS M J, et al. Landing Signal Officer (LSO) laboratory system software, technical report, NAVTRAEQUIPCEN 78 - C - 0151 - 1[R]. [S. l.]: Naval Training Equipment Center, 1980.

[5] HOOKS J T, MCCAULEY MICHAEL E. Training characteristics of the LSO reverse display, technical report, NAVTRAEQUIPCEN 79 - C - 0101 - 2[R]. [S. l.]: Naval Training Equipment Center, 1980.

[6] MCCAULEY MICHAEL E, COTTON J C. Automated instructor models for LSO training systems, technical report, NAVTRAEEQUIPCEN 80 - C - 0073 - 1[R]. [S. l.]: Naval Training Equipment Center, 1982.

[7] BRRICTSON C A, BREIDENBACH S T, NARSETE E M, et al. Objective measures of Landing Signal Officer (LSO) performance during night carrier recovery, NAVTRAEQUIPCEN 78 - C - 0151 - 1[R]. [S. l.]: Naval Training Equipment Center, 1980.

[8] Carrier Aircraft Recovery Simulator (CAPS) proposal letter, VAQ - 129[R]. [S. l.]: NAS Whidbey Island, Washington, 1976.

[9] LACY J W, MESHIER C W. Development of a Landing Signal Officer trainer, NAVTRAEQUIPCEN IH - 316[R]. [S. l.]: Naval Training Equipment Center, 1979, 79 - 90.

[10] BRICTSON C A, BREIDENBACH S T, NARSETE E M, et al. Objective measures of Landing Signal Officer (LSO) performance during night carrier recovery, NAVTREQUIPCEN 78 - C - 0123 - 1[R]. [S. l.]: Naval Training Equipment Center, 1980.

[11] MCCAULEY MICHAEL E, SEMPLE CLARENCE A. Precision Approach Redar Training System (PARTS) training effectiveness evaluation, NAVTREQUIPCEN 79 - C - 0042 - 1[R]. [S. l.]: Naval Training Equipment Center, 1980.

[12] HALLEY ROBIN, KING M R, REGELSON E C. Functional requirement for air intercept controller prototype training system, NAVTREQUIPCEN 78 - C - 0182 - 4 [R]. [S. l.]: Naval Training Equipment Center, 1980.

[13] CHATFIELD DOUGLAS C, GIDCUMB CHARLES F. Optimization technigues for automated adaptive training systems, NAVTREQUIPCEN 77 - M - 0575 [R]. [S. l.]: Naval Training Equipment Center, 1977.

[14] CHATFIELD DOUGLAS C, MARSHALL P H, GIDCUMB C F. Instructor model characteristics for automated speech technology, NAVTREQUIPCEN 79 - C - 0085 - 1[R]. [S. l.]: Naval Training Equipment Center, 1979.

[15] BORDEN G J. The Landing signal officer: a problem analysis, Vols. I, II, 785 - 1 [R]. Goleta, Calif: Human Factors Research, Inc, 1969. [16] NETHERLAND R M. The total approach[J]. Approach, 1965.

[17] RUBEL ROBERT C. Confessions of a CAG LSO[J]. Approach, 1980.

[18] WEBB G J. The in - close waveoff[J]. Approach, 1976.

[19] ERICKSON D P. Landing signal officer guide and training plan[R]. [S. l.], 1978.

[20] BRICTSON C A. The influence of environmental factors in aircraft carrier landing accidents, conference proceedings No. 82 on adaptation and acclimatisation in aerospace medicine. [S. l.]: AGARD, September 1970.

[21] WHALEN DAN. Rig the MOVLAS, starboard side[J], Approach, 1976.

[22] MEARS MIKE. MOVLAS techniques for pilots and LSO[J], Approach, 1976.

[23] NAVAL SAFETY CENTER. Ask any centurion[J]. Approach, 1979.

[24] NAVAL SAFETY CENTER. It happens to the best[J]. Approach, 1977.

[25] BOROWSKY MICHAEL S, BARRETT GLORIA B, BECK ART, et al. Aviation safety vs. pilot experience[J]. Approach, 1980.

[26] HOGGART F A. Night tanker[J]. Approach, 1980.

[27] FRANKEN D J. Oh what a night! [J]. Approach, 1981.

[28] HEYWORTH GORDON. Touch-and-go with the grim reaper[J]. Approach, 1980.

[29] LOGAN ROBERT J. Paddles contact-you're looking good, keep it coming[J]. Approach, 1980.

[30] U. S. Navy, office of the chief of Naval Operational. The Naval Air Training and Operating Procedures Standardization (NATOPS) program manual[R]. [S. l.]: Landing Signal Officer(LSO) Department of the Navy, 1975.

[31] MCCAULEY MICHAEL E, COTTON JOHN C. Automated instructor models for

LSO training systems. NAVTRAEQUIPCEN 80 - C - 0073 - 2[R]. Trainging Equipment Center, Orlando, Florida, 1982.

[32] BRICTSON C A, PITRELLA F D, WULFECK J W. Analysis of aircraft carrier landing accidents (1965 - 1969) [R]. Dunlap and Associates, Inc., Santa Monica, Ca. 1969.

[33] BRICTSON C A, BREIDENBANCH S T, STOFFER G R. Operational performance measures for carrier landing: development and application, proceedings of human factors society[C]. 24th Annual Meeting, Human Factors Society, Santa Monica, Ca., 1980.